모건이 들려주는 초파리 이야기

모건이 들려주는 파리 이야기

ⓒ 김영호, 2010

초 판 1쇄 발행일 | 2005년 11월 24일
개정판 1쇄 발행일 | 2010년 9월 1일
개정판 11쇄 발행일 | 2021년 5월 28일

지은이 | 김영호
펴낸이 | 정은영
펴낸곳 | (주)자음과모음

출판등록 | 2001년 11월 28일 제2001-000259호
주   소 | 04047 서울시 마포구 양화로6길 49
전   화 | 편집부 (02)324-2347, 경영지원부 (02)325-6047
팩   스 | 편집부 (02)324-2348, 경영지원부 (02)2648-1311
e-mail | jamoteen@jamobook.com

ISBN 978-89-544-2072-3 (44400)

모건이 들려주는

초파리 이야기

| 김영호 지음 |

알고 보니 참! 유용한
곤충이야!!

|주|자음과모음

여러분은 초파리를 알고 있나요?

초파리는 작은 곤충입니다. '초'라는 접두사가 붙어 있어 낯설 것입니다. 초파리는 식초같이 신맛이 나는 냄새에 잘 날아든다고 해서 붙여진 이름입니다.

이 초파리가 바로 유전학에서부터 발달 생물학에 이르기까지, 행동 유전학에서 노화 연구에 이르기까지, 그리고 진화에서 종의 기원에 이르기까지, 20세기의 위대한 생물학적 발견을 주도한 핵심적인 역할을 담당해 왔으며, 지금도 초파리 연구는 진행되고 있습니다. 최근에는 이 작은 생물체가 3만 5,000여 개의 유전자를 갖고 있다는 것도 알려졌습니다.

이 책은 유전학의 역사를 바꾼 위대한 초파리에 대한 이야기입니다.

초파리를 유명하게 만든 사람은 미국 컬럼비아 대학교 교수였던 모건입니다. 1910년 우연히 발견한 하얀 눈의 돌연변이 초파리를 통해 멘델의 유전 법칙을 과학적으로 증명해 내고, 1911년 그의 연구팀에 들어온 스터티번트가 X염색체 상에 놓여 있는 5가지 유전자의 직선적인 배열을 나타내어서 최초의 유전자 지도를 작성합니다. 이로써 초파리는 실험실의 슈퍼스타로 떠오르게 되었고, 지금까지도 초파리 연구자들에게 사랑을 받고 있습니다.

이 책을 읽고 한 가지만은 꼭 기억해 주기 바랍니다. 모건 박사가 한 가지 일에 매진하며 성실하게 산 인생의 모습을 말입니다. 그런 사람을 만나고 이해하는 일은 분명 여러분 자신뿐 아니라 더 많은 사람들에게도 도움이 되는 일이 될 것입니다. 모건의 집념과 연구에 대한 열정이 여러분이 헤쳐 나갈 앞날의 지표가 되길 바랍니다.

김 영 호

차례

하얀 눈을 가진 초파리가 태어나다

초파리는 무엇일까요?
하얀 눈 초파리를 통해서 현대 유전학에 초파리가
어떤 영향을 미쳤는지 알아봅시다.

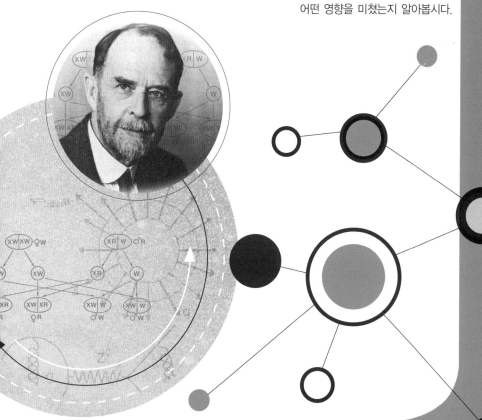

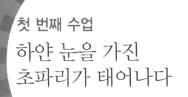

첫 번째 수업

하얀 눈을 가진
초파리가 태어나다

모건 박사가
태우와 지아에게 초파리에 관한
첫 번째 수업을 시작했다.

"으아악! 오빠~!"

거실에 앉아 책을 읽고 있던 태우가 지아의 비명에 깜짝 놀라 뒤를 돌아보았습니다. 울상이 된 얼굴로 벽에 달라붙은 채 지아가 바닥에 떨어져 있는 그릇을 가리켰습니다.

"으윽, 너무 징그러워. 어제 깜박 잊고 냉장고에 넣지 않은 그릇 안에 징그럽게 생긴 검붉은 게 잔뜩 붙어 있어."

지아의 수선스러운 말에 태우는 떨어져 있는 그릇을 들여다보았습니다. 과연 지아가 어제 먹다 남긴 것으로 보이는 사과 조각 위에 검붉은 색의 자그마한 벌레들이 잔뜩 붙어 있었습니다. 그 벌레들을 유심히 바라보던 태우가 싱긋 웃으며 말했습니다.

"이건 징그럽거나 더러운 것이 아니야. 이건 바로 드로소필라 멜라노가스터(*Drosophilla melanogaster*)야!"

"뭐, 드로소…… 필라……? 뭐가 그렇게 어려워?"

생전 처음 들어 보는 요상한 이름에 지아가 호기심이 생긴 듯 고개를 갸웃거렸습니다.

"드로소필라 멜라노가스터는 초파리의 학명이야."

태우의 설명에 지아가 이마를 확 찡그리며 말했습니다.

"우에엑, 더러운 거 맞잖아. 파리는 다 더러운 해충이란 말이야."

지아의 반박에 태우가 차분하게 말을 이어 갔습니다.

"초파리는 과일의 식초 냄새를 좋아해. 그리고 과일을 먹고 살지. 그래서 이름도 식초의 초를 따서 초파리라고 불러. 이 녀석이 우리에게 얼마나 유용한 벌레인지 네가 알게 된다면 더럽다는 소리는 감히 할 수 없게 될걸!"

"파리가 유용하면 얼마나 유용하겠어?"

입을 삐죽이는 지아의 머리 위로 초파리 여러 마리가 휭 하니 날아올랐습니다. 몰려드는 초파리 떼에 기겁을 하며 지아는 다시 소리쳤습니다.

"꺄아악, 오빠! 이 징그러운 벌레들 좀 어떻게 해 봐!"

거실을 빙빙 돌며 도망 다니기 여념이 없는 지아를 보며 태우는 그만 크게 웃고 말았습니다. 태우가 손을 휘휘 저어 창밖으로 초파리를 쫓아냈습니다. 겨우 초파리 떼의 공포에서 벗어난 지아가 바닥에 힘없이 주저앉았습니다.

"저 초파리들은 내가 욕한 거 아나 봐!"

"네가 욕한 것을 안 것은 아니겠지만, 일단 지아 네가 초파리에 대해 가진 오해는 좀 풀어야 할 것 같아."

"초파리에 대한 오해?"

지아의 물음에 태우가 손에 들고 있던 책을 톡톡 쳤습니다.

"이 책 안에는 재미있는 이야기가 많이 있어. 네가 징그럽다고 난리 치는 초파리에 대해서도 말이지. 네가 이 책을 다 읽을 때쯤이면 초파리가 아주 예뻐 보일지도 몰라."

"에이, 거짓말! 절대 그럴 리가 없어."

미심쩍은 눈으로 쳐다보는 지아의 손을 잡아 일으켜 세우며 태우가 말했습니다.

"그래? 그럼 한번 가 볼까?"

"어디로?"

"책 속으로 뾰로롱!"

장난스럽게 웃는 태우를 어이없이 바라보며 지아도 그만

피식 웃고 말았습니다.

하얀 눈을 가진 초파리가 태어났어요!

"여기가 어디야?"

햇살이 따뜻하게 비치는 한적한 연구실 안에 서서 지아가 눈을 동그랗게 떴습니다.

"내가 말했잖아, 우리는 책 속으로 들어왔다고."

"오빠, 자꾸 농담할 거야!"

"정말이라니까. 우리는 책 속에 들어온 거야. 봐! 내 손에 있던 책이 없잖아. 그건 우리가 아까 그 책 속으로 들어왔기 때문이야."

태우가 웃으며 대답했습니다. 그러고 보니 태우의 손에 들려 있던 책은 이미 사라지고 없었습니다. 자꾸만 놀리는 것 같은 태우의 장난스러운 표정에 지아는 화가 났습니다. 그래서 태우에게 장난하지 말라고 소리쳤습니다. 그 순간 뒤에서 누군가의 말소리가 들렸습니다.

"너희들은 누구니? 어떻게 여기에 들어왔지?"

두 아이가 놀라서 동시에 몸을 돌렸습니다. 그들의 뒤에는 콧수염이 멋있게 난 외국인과 그보다 젊어 보이는 외국인이 미심쩍은 표정으로 서서 두 아이를 바라보고 있었습니다.

"우아, 모건(Thomas Hunt Morgan, 1866~1945) 박사님 안녕하세요? 전 박사님의 팬이에요!"

기쁨을 감추지 못한 채 태우가 콧수염의 외국인에게 달려갔습니다. 모건 박사라 불린 그 외국인이 고개를 갸웃거리며 물었습니다.

"너는 나를 알고 있니?"

"물론이죠. 전 교수님이 연구하신 초파리의 유전 이야기를 몇 번이나 읽었다고요."

태우의 말에 모건 박사가 순간 흐뭇하게 웃었습니다.

"초파리에 대해 관심이 많구나."

모건 박사의 말에 태우가 신이 나서 말했습니다.

"예, 특히 초파리의 돌연변이 부분을 좋아해요."

"그런데 여기는 어떻게 들어왔니?"

"몰라요, 갑자기 책 속으로⋯⋯."

모건 박사의 물음에 냉큼 대답하려던 지아의 옆구리를 태우가 쿡 찔렀습니다.

"오늘 학교에서 연구실 견학을 왔어요. 그런데 연구실이 여기저기 많아서 그만 길을 잃었어요."

"그랬구나. 난 또 어떻게 너희 같은 어린아이들이 우리 연구실에 있나 했단다."

모건 박사가 따뜻하게 웃었습니다. 그러고는 옆에 서 있는 젊은 남자를 가리켰습니다.

"소개가 늦었구나. 난 모건 박사란다. 이 친구는 내 제자 페인 박사이지."

"안녕하세요!"

동시에 입을 모아 인사하는 두 아이들에게 모건 박사와 페인이 싱긋 웃음을 던졌습니다.

"그런데 박사님, 저 창가에 있는 병들은 다 뭔가요?"

"아, 맞다! 페인, 어서 가서 병 안을 보자고!"

태우의 물음에 모건 박사와 페인이 후다닥 창가로 달려갔습니다. 다 큰 어른들이 소란을 떠는 일이 어떤 것인가 싶어서 두 아이도 그들의 뒤를 쫓아갔습니다.

바나나 껍질이 들어 있는 병 안에는 수많은 초파리들이 바글바글 붙어 있었습니다. 그것을 본 태우와 지아는 동시에 '우아' 하고 소리쳤습니다. 태우는 흥미진진한 얼굴이었고, 지아는 오만상을 다 찌푸린 표정이었지요.

"이게 바로 그 유명한 하얀 눈 초파리군요."

모건 박사가 놀란 눈으로 태우를 내려다보았습니다.

"너, 하얀 눈 초파리를 알고 있니?"

"물론이죠. 박사님의 가장 중요한 연구잖아요. 책에서 다 봤어요!"

태우가 자랑스럽게 가슴을 펴며 말했습니다. 그리고 모건 박사에게 공손하게 물었습니다.

"그렇지만 책에서 보는 것만으로는 실감이 안 났거든요. 오늘 이렇게 박사님을 뵙게 됐으니 박사님께 직접 초파리 이야기를 듣고 싶어요."

태우의 말에 모건 박사와 페인은 잠시 망설이듯 서로를 쳐다보았습니다. 연구가 한창인데 아이들과 한가하게 이야기할 시간이 없었기 때문이었습니다. 잠시 생각을 하던 모건 박사가 결심한 듯 말했습니다.

"그럼 어디서부터 이야기를 시작해야 할까? 흐음, 그럼 우선 초파리가 왜 중요한지, 유전이란 과연 어떤 것인지부터 이야기해 볼까?"

모건 박사는 초파리가 가득 들어 있는 유리병을 살짝 들며 이야기를 시작했습니다.

초파리

　과일이나 식초 냄새를 좋아하는 초파릿과의 이 작은 초파리는 곤충의 한 종류입니다. 머리와 가슴, 배의 3부분으로 이루어져 있고, 더 자세히 보면 다리가 6개 있으며 날개가 2장으로 그 조그만 몸체를 바람에 날리듯 날아다닙니다. 그들은 과일을 무척 좋아합니다. 가을날 포도나 사과 같은 과일을 먹고 나서 껍질을 창가에 놔두면 금방 여러 마리의 초파리들이 모여드는 것을 볼 수 있을 거예요. 만약 초파리를 관찰하고 싶다면 여러분들도 그렇게 해 보세요.

　우선 우유병 안에 과일 껍질을 조금 넣어서 밖에 내놓으면 초파리들이 금방 들어와요. 초파리가 들어와 있는 것을 확인하면 도망가지 못하게 거즈로 뚜껑을 덮어 두세요. 그리고 일주일쯤 뒤에 병 안을 들여다보세요. 그럼 빨간 눈을 가진 초파리들이 우글우글 쭈뼛거리며 병 안을 걷기도 하고 날아다니는 모습을 볼 수 있을 것입니다. 이렇게 흔하고 쓸모없는 곤충으로 여겼던 초파리가 생물학 역사에서 가장 빛나는 업적을 남겼답니다.

　19세기에 생물학을 연구했던 사람들은 주로 박물학자였어요. 박물학자란 자연 환경 속에서 살고 있는 하느님이 창조해 준 생명체를 자세히 관찰하기만 하면 생물학의 진리들을 얻을 수 있다고 믿었던 학자들이랍니다. 그래서 그들은 모든 생물을 자세히 관찰하고 꼼꼼하게 기록을 남겼답니다.

그러다가 1859년 다윈(Charles Robert Darwin, 1809~1882)이 《종의 기원》이라는 책을 펴냈습니다. 다윈의 《종의 기원》은 일대 파란을 일으켰어요. 그의 영향을 받은 학자들은 단순한 관찰과 기록이 모두가 아니라는 생각을 하게 되었습니다. 학자들은 생물 연구가 실험을 통해 이루어져야 한다는 생각을 하게 되었고, 그때부터 실험실에서 생물 재료를 갖고 실험을 통한 새로운 아이디어로 생명을 이해하려고 노력했습니다.

초파리가 생물학의 재료로 쓰이기 시작한 것은 운명적인 기회였습니다. 19세기 말에 생물학자들이 다루는 실험 재료는 커다란 동물들이었어요. 그러다 보니 실험이 번거롭고 힘들었지요. 만약에 덩치 큰 고릴라를 실험에 쓴다고 생각해 보세요. 그런 동물들은 힘도 세고 다루기도 힘들잖아요. 그리고 오래 살기 때문에 관찰 기간이 너무 길어져요.

그러던 중 유명한 과학자 멘델(Gregor Johann Mendel, 1822~1884)은 동물이 아닌 완두콩으로 유전 법칙을 연구했

답니다. 왜냐하면 완두콩은 짧은 기간에 싹이 트고, 자라나서 열매까지 맺으니까요. 한 식물의 일생을 관찰하는 데 몇 개월의 시간이면 충분했어요. 그러나 몇 달이란 시간도 학자들에게는 긴 시간이었지요. 그러던 어느 날 우리는 초파리를 생각해 냈습니다.

공원에 소풍을 나와서 도시락을 열고 있으면 어김없이 달려드는 초파리는 우리의 실험에 안성맞춤이었습니다. 일단 돈이 들지 않고, 빨리 자라고, 일찍 죽고, 죽은 후에 치우기도 아주 쉬웠으니까요. 실험실에서 연구 재료로 쓰기에 아주 편리했습니다.

몸이 작고 키우기도 쉬워서 작은 우유병과 바나나 한 조각으로 수백 마리를 키울 수 있었습니다. 게다가 초파리 한 마리가 낳는 알은 수백 개나 됩니다. 수명이 불과 몇 주밖에 되지 않는 초파리의 일생은 짧은 시간 안에 다 관찰할 수 있어요. 따라서 실험할 때 재료비가 거의 들지 않는다는 것도 큰 장점이었지요. 과학자들은 차츰 이렇게 좋은 실험 대상인 초파리에게 관심을 갖기 시작했습니다.

초파리는 19세기 말부터 유럽이나 아프리카 등지에서 들어오는 유럽 이민자들이 타고 온 배를 통해 신대륙에 들어왔습니다. 초파리들이 다른 나라에서 이사를 온 것이었지요. 1900년 하버드 대학교의 캐슬 교수 실험실에서 발생학을 연구하던 그의 학생이 초파리를 실험용으로 키우기 시작했습니다. 발생학은 크고 작은 동물들이 수정해서 어떻게 성장해 나가는지를 연구하는 학문입니다. 그러나 별로 이렇다 할 좋은 결과는 얻지 못했습니다.

그러던 중 컬럼비아 대학교에 있던 저의 실험실에서 1909년 돌연변이 스타가 탄생하게 됩니다. 원래 빨간 눈을 가진 초파리에게서 하얀 눈을 가진 초파리가 태어난 것입니다. 이것은 생물학역사에 엄청난 의미를 가진 사건이었습니다. 왜 초파리는 생물학 역사에 남는 위대한 스타가 되었을까요?

1900년대에 들어서면서부터 인류는 폭발적인 지식의 증가로 눈코 뜰 새가 없었습니다. 라듐이 알지 못하는 광선을 만들어 낸다는 것, 원자가 아주 작은 물질로 이루어져 있고, 에너지가 무엇인지도 알게 되었고, 빛이 휠 수 있다는 것도 발견하였습니다. 생물학에서는 모든 살아 있는 것은 세포라는 작은 단위로 이루어져 있고, 자손 생물체는 이미 살아 있는 부모 생물체가 있어야 생긴다는 사실도 밝혀졌지요. 그리고 유전에 대해서 잘 알지 못하던 시대에 멘델의 유전 법칙의 의미가 새롭게 재발견된 것입니다.

1866년 멘델은 식물 교배에 관한 연구로 〈멘델의 법칙〉이라는 논문을 발표하였으나 당시의 사람들은 별 관심을 두지 않았어요. 다행히 약 34년이 지난 1900년에 3명의 식물학자가 그의 크나큰 업적을 재발견함으로써 멘델의 유전학은 다시 관심을 받기 시작했지요.

멘델의 유전 법칙을 발견하기 전까지 사람들은 키가 큰 아버지와 키 작은 어머니 사이에서 태어나는 자식은 그 중간 정도의 키를 가지고 태어날 것으로 생각해 왔습니다. 그러나 멘델은 부모의 특성이 서로 적당히 섞이는 것이 아니라 아버지의 특성이나 어머니의 특성 중 하나가 분명히 나타나는 것이라고 했습니다. 또 남자와 여자가 결혼해서 아이를 낳으면 그 아이는 부모의 특성을 일정한 비율로 나눠 가지는 것이라고 주장했습니다.

1903년경, 나는 멘델의 법칙이 사실일까 의문을 품기 시작했습니다. 내가 의심한 이유는 그의 법칙을 확인해 보기 위해 하얗고 비만이면서 노란색 옆줄을 가진 집쥐와 회색의 야생 쥐를 교배하였더니 그 결과가 일정 비율로 나오지 않고 불규칙하게 나오면서였습니다.

그래서 나는 멘델의 법칙을 받아들이기가 어려웠어요. 그럼 당시 사람들은 유전에 대해서 어떻게 생각하고 있었는지 알아봅시다.

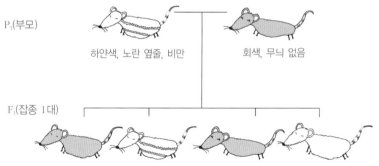

P₁(부모)
하얀색, 노란 옆줄, 비만   회색, 무늬 없음

F₁(잡종 1대)
회색, 비만   하얀색, 노란 옆줄, 비만   회색, 무늬 없음   하얀색, 옆줄 없음, 비만

유전이란 무엇인가요?

우선 유전이란 한 세대에서 다음 세대로 이어지는 유전 형질의 전달이나 이로써 나타나는 표현형이 재현되는 현상을 말합니다. 수세대를 지나도 사람이 사람을 낳고 개가 개를 낳는 것은 생물의 종이 가지고 있는 특수한 형질의 기본적 설계도가 어버이에서 자손으로 큰 변함없이 이어져 전달되기 때문인데, 이 안정된 설계도에 해당하는 물질을 유전 물질이라고 합니다. 유전 물질에 들어 있는 유전자는 유전자형으로 나타나고(혈액형 A의 경우 AA 또는 AO), 유전 형질이 발현되어 생물체의 구조나 기능으로 나타난 것을 표현형이라고(A형 혈액 또는 B형 혈액) 합니다.

표현 형질은 유전 물질이 세포에서 세포나 생식 세포를 통해 다음 세대로 전달되어 표현된 것이므로, 유전은 유전자를 통해 생명의 모든 과정을 가능하게 만드는 것이라고 할 수 있어요. 따라서 바이러스나 세균에서 사람에 이르기까지 모든 생명체는 어떤 형태로든 그 종의 특정한 유전 물질을 가지고 이를 정확하게 복제하여 다음 세대에 전달하고, 나타나게 하는 능력을 가지고 있습니다.

유전 물질은 유전자의 집합체로서 대개 세포의 핵 또는 핵

질에 있는 염색체에 들어 있어요. 그러나 세균의 경우 그 유전 물질은 핵이 없어서 세포질에 떠 있습니다.

멘델 이전의 유전에 대한 생각

멘델이 유전 법칙을 발견하기 전, 사람들은 일반적으로 같은 종의 동물이 같은 종의 자손을 낳는다고 생각했어요. 이것은 후손에게 혈액을 통해 전달되는 과정에서 유전이 이루어진다는 이론입니다. 아버지와 어머니에게서 각각 어느 만큼의 혈액을 전해 받는지에 따라 부계나 모계의 형질을 이어받는 정도가 정해진다고 믿고 있었지요.

가령 아버지의 피를 많이 받으면 아버지를 닮아서 태어나고, 어머니의 피를 많이 받으면 어머니를 닮아서 나온다고 생각한 거예요. 우리가 지금도 쓰고 있는 혈통이라거나 혼혈이라는 말은 이런 옛날 사람들의 생각에서 나온 거랍니다.

그럼 이것에 대해 거꾸로 한번 생각해 볼까요? 만약 그 이론이 맞다면 한 종이 다른 동물과 서로 짝을 지어서 새끼를 낳으면 그 사이에 태어나는 새끼는 전혀 새로운 다른 종이 나온다는 것과 같지요. 그래서 옛날 사람들은 기린이 낙타와

표범 사이에서 생겨난 것이라고 믿었습니다. 기린의 긴 목은 낙타에서, 몸의 얼룩 무늬는 표범에서 이어받은 것이라고 생각했던 것입니다.

그리스 신화를 읽다 보면, 허리 위는 사람이고 허리 아래는 말인 인물들이 등장하곤 합니다. 그렇게 이 세상에서 있을 수 없는 기묘한 인물들을 상상할 수 있었던 건 사람들이 미신적인 유전을 믿었기 때문이에요. 곰이 사람이 되어서 자자손손 사람을 낳아 여러분의 민족이 되었다는 단군 신화나, 사람이 식물이 되어 꽃을 피우는 그리스 신화를 통해 유전에 대한 상상을 많이 한 옛날 사람들의 생각을 엿볼 수 있어요. 그럼 여러분, 인어 공주는 어떤가요?

옛날 사람들은 유전은 절대 변하지 않고, 이것이 변하려면 신이 조화를 부려 참견해야만 가능하다고 생각했어요. 그리고 종과 종 사이에는 어떤 장벽도 없고, 어떤 종 사이에서도 짝짓기가 가능하다고 믿었지요. 그러나 1809년 생물학자 라마르크(Jean - Baptiste Lamarck, 1744~1829)는 기존과 다른 이론을 발표했어요. 그는 기린의 목이 자기가 사는 환경에 맞춰 적응해서 길어졌고, 그 특성이 다음 자손들에게 그대로 유전되었다고 주장했습니다.

그의 이러한 용불용설 이론은 유전적 특성이 변하려면 신이 조화를 부려야만 가능하다고 믿었던 사람들의 생각과는 전혀 달랐어요. 고대 그리스의 데모크리토스라는 철학자도 유전에 대한 철학적 논리를 펼친 사람입니다.

그는 판겐(pangen, 다윈이 제창한 세포질성(細胞質性)의 유전 조절 입자)이라는 입자가 온몸 안에 존재하고 이 판겐이 남자의 정액과 여자의 혈액 속에 있다가 합쳐져 아이가 태어난다고 주장했습니다. 이렇게 태어난 아이들은 부모를 닮게 되는 것이라고 썼습니다.

이러한 논리는 다윈에게까지 이어져 그도 판겐과 비슷한

존재가 있다고 믿었습니다. 그리고 그 이론에 맞춰 유전 현상에 접근하려고 시도했습니다.

　멘델 이전의 유전에 대한 생각은 유전 물질에 대한 물질적인 이해 없이 눈에 보이는 현상에 기초를 둔 논리나 상상력으로 만들어졌기 때문에 유전 현상에 대한 각종 오류와 미신을 만들어 냈던 것입니다.

멘델이 생각한 유전에 대한 실험적 증거

나는 항상 수십 가지 실험을 동시에 하곤 했어요. 그중 대부분은 실패로 끝나는 경우가 많았습니다. 누군가가 나에게 왜 그렇게 많은 실험을 하느냐고 물어보면, 나는 종종 농담으로 3가지 종류의 실험을 한꺼번에 한다고 대답하곤 했습니다. 하나는 어리석은 실험이고, 또 하나는 대단히 어리석은 실험이고, 마지막 하나는 앞의 2가지 실험보다 더 어리석은 실험을 하고 있다고 말이지요. 그러나 많은 실험을 통해 얻어진 경험들은 모두 나의 귀한 재산이 되었답니다.

우선 나는 라마르크의 용불용설을 증명하고 싶었습니다. 1908년에 나는 처음으로 초파리를 다루게 되었어요. 우선 대학원생에게 초파리를 암실에서 기르도록 시켰습니다. 어두운 곳에서 계속 살다 보면 초파리의 눈은 점점 나빠질 것이고, 결국 눈을 쓸 일이 없게 되어 눈이 멀게 되지 않을까 하는 가설을 세웠습니다.

라마르크의 용불용설이 맞는 이론이라면 암실에서 자란 초파리는 눈을 쓰지 않기 때문에 눈이 퇴화할 것이고, 퇴화한 눈이 유전될 것입니다. 결국 여러 세대를 거쳐 유전되면 자연히 눈이 보이지 않는 초파리들이 태어날 것이라고 생각했습니다.

　나의 제자 페인은 69세대 동안 초파리를 어두운 곳에서 기르면서 눈이 퇴화하는지를 알아보았습니다. 그리고 우리는 유전적인 변화가 일어날 충분한 시간이 흘렀다고 생각했어요. 사람으로 치면 무려 69대 후손이 태어난 것이니 당연히 뭔가 변화가 있었겠지요. 두근거리는 마음으로 암실에서 키운 지 69세대째의 새끼 초파리를 밖에 내놓았습니다. 어두운 곳에서만 살다가 빛이 환한 곳으로 나온 69세대째의 새끼 초파리들은 처음엔 멍하니 가만히 있었습니다.

　페인은 초파리의 시력이 퇴화한 것이라 생각하고는 절 불

렀습니다. 그러나 그 초파리는 조금 뒤 아쉽게도 빛이 들어오는 창가로 날아가 버렸습니다. 암실에서 69세대 동안 세대가 변했는데도 초파리는 빛을 느낄 수 있었던 것입니다. 초파리의 눈은 전혀 퇴화하지 않은 것이었습니다. 우리의 실험은 완전히 실패했습니다.

나는 페인과 함께 초파리의 돌연변이 실험을 하게 되었습니다. 나 외에도 여러 사람들이 초파리의 돌연변이를 연구했습니다. 그러나 대부분은 포기하고 말았습니다. 도대체 변이체 초파리가 생기지 않았으니까요. 하버드 대학교의 캐슬 박사도 더 이상 연구를 하지 못하고 루츠 박사에게 초파리를 넘겨주었습니다. 루츠(Franck Lutz) 박사는 고된 연구 끝에 변이된 초파리를 하나 찾았지만 나에게 그 초파리를 넘겨주고는 초파리 연구를 포기하고 말았습니다.

우리는 X선을 이용하여 인공적으로 돌연변이 초파리를 얻기로 했습니다. 라듐에서 나오는 방사선인 X선이 어떤 것인지는 여러분도 잘 알고 있나요? 방사능을 이용해서 전기를 얻는 핵 발전소는 다 알고 있을 거예요. 그러나 유익한 만큼 위험한 것이 또한 방사선이랍니다. 방사선을 잘못 쬐게 되면 우리의 몸에 변화가 오거나 병이 생길 수가 있으니까 말예요. 핵 발전소에서 실수로 누출된 방사능 때문에 그

곳에 살던 많은 사람들이 병에 걸렸고, 몸이 기형인 아이들이 태어났다는 뉴스를 본 적 있을 거예요. 이런 방사선의 성질을 이용해서 우리는 이 X선을 지속적으로 초파리에게 쪼이다 보면 초파리의 돌연변이를 얻는 것이 가능할 거라 생각했습니다.

남들이 다 포기하는 힘든 연구일지라도 난 포기하지 않았어요. 나는 초파리의 번데기, 유충, 알에 라듐 방사선을 쪼이는 일을 계속했지요. 이렇게 방사선에 계속 노출되다 보면 돌연변이가 나타날 것이란 믿음을 버리지 않았어요.

1910년 5월, 드디어 나에게 커다란 행운이 찾아왔어요. 우리 연구실에서 하얀 눈을 가진 초파리 수컷 한 마리가 태어난 것입니다. 그의 형제자매들은 모두 붉은 눈을 가졌는데 말입니다. 이 하얀 눈을 가진 녀석은 분명 돌연변이체였습니다.

앗, 과일에 파리가 붙었어요.

어? 이것은 드로소필라 멜라노가스터야!

그게 뭐야?

드로소필라 멜라노가스터는 초파리의 학명이야.

잘 알고 있군요. 초파리는 과일의 신 냄새를 좋아해요. 그래서 이름도 식초의 초를 따서 초파리라고 합니다.

그래 봐야 파리니까, 더러운 해충이잖아요.

이 녀석이 우리에게 얼마나 유용한 벌레인데!

맞아요. 초파리는 인류 발전에 큰 공을 세웠답니다.

초파리가 어떤 쓸모가 있는 건가요?

19세기 말에 생물학자들은 커다란 동물로 실험을 해 다루기 힘들고 관찰 기간도 너무 길었답니다.

그래서 멘델 선생님은 완두콩을 사용하지 않았나요?

맞아요. 하지만 완두콩도 서너 달을 관찰해야 했지요. 하지만 초파리는 몸이 작고 키우기도 쉬웠어요.

게다가 초파리 한 마리가 낳은 알은 수백 개나 되고 수명도 몇 주면 되지요. 특히 재료비가 거의 들지 않지요.

듣고 보니 연구에 가장 좋은 실험 재료군요.

그것 봐! 초파리는 해충이 아니라고.

2

발생학에서 유전학으로

발생과 진화에 관한 문제에 대해서 알아봅시다.
또 유전학과 어떤 관계가 있는지 알아봅시다.

2

발생학에서 유전학으로

모건이 눈빛을 반짝이며
자랑스러운 모습으로
두 번째 수업을 시작했다.

"흐음, 이게 바로 X선을 쪼여서 태어난 돌연변이 초파리군
요. 이렇게 대단한 것을 실제로 볼 수 있다니!"

유리병 속에서 날아다니는 하얀 눈 초파리를 보며 태우가
감탄했습니다. 조금 전까지만 해도 입을 부루퉁하게 내밀고
있던 지아도 신기하게 생긴 하얀 눈 초파리를 유심히 바라보
기 시작했습니다.

"그런데 돌연변이 초파리를 얻는 데 왜 그렇게 많은 시간이
걸린 거예요?"

태우가 이렇게 묻자, 모건 박사가 곤란한 표정으로 웃어 보

였습니다.

"혹시 네덜란드의 유전학자 더프리스(Hugo de Vries, 1848~1935)를 알고 있니?"

"당연하죠! 큰달맞이꽃의 돌연변이를 발견해 낸 사람이잖아요."

태우의 씩씩한 대답에 모건 박사가 다시 물었습니다.

"큰달맞이꽃과 초파리가 다른 점은 뭐라고 생각하니?"

모건 박사의 물음에 말문이 막힌 태우가 잠시 생각에 잠겼습니다.

"언뜻 생각해서는 초파리는 동물이고, 큰달맞이꽃은 식물이라는 차이밖에는 떠오르지 않는데…….""

잠시 후 태우가 무릎을 탁 치며 말했습니다.

"아, 맞아요! 그건 크기가 달라요! 큰달맞이꽃은 크지만 초파리는 굉장히 작아요."

"영리한 아이구나. 그래 네 생각이 맞단다."

모건 박사가 흐뭇하게 태우의 머리를 쓰다듬어 주었습니다. 잘난 척하며 어깨를 으쓱대는 오빠 옆에 있던 지아가 모건 박사에게 물었습니다.

"전 박사님과 오빠의 말을 하나도 못 알아듣겠어요. 저도 알아듣게 설명을 해 주세요."

모건 박사가 지아를 보며 다시 설명을 시작했습니다.

"큰달맞이꽃은 달맞이꽃의 돌연변이란다. 19세기의 유전학자인 더프리스는 달맞이꽃을 기르다가 어느 날 아주 큰 달맞이꽃이 핀 것을 발견했어. 보통 달맞이꽃의 2배나 되는 크기였지. 더프리스가 큰달맞이꽃의 씨를 받아서 심으니 이듬해에 큰달맞이꽃이 피었어. 이게 바로 큰달맞이꽃이란다. 이 꽃은 돌연변이 연구의 새로운 길을 열어 주었지."

"그런데 큰달맞이꽃과 초파리의 돌연변이 연구가 어려운 것은 무슨 상관이 있나요?"

또다시 지아의 질문이 이어졌습니다.

"생각해 보렴. 달맞이꽃은 크고 특징이 뚜렷해서 작은 변화도 금방 알 수가 있어. 그렇지만 초파리는 워낙 작아서 자세히 들여다보지 않으면 날개 모양이나 눈의 색이 변하는 것을 알아내기가 아주 어려웠단다."

모건 박사의 말을 그제야 이해한 지아가 고개를 끄덕였습니다.

"자, 그럼 다시 초파리의 돌연변이에 대한 이야기를 시작해 볼까?"

1910년 겨울 어느 날 발견된 하얀 눈을 가진 초파리는 에

테르에 마취되어 시험대 위에 놓여 있었습니다. 그 하얀 눈의 초파리는 1,000여 마리의 다른 빨간색 눈을 가진 초파리 속에서 단연 눈에 띄었어요. 하얀 눈 초파리는 분명히 돌연변이 초파리였습니다. 초파리에게 나타난 돌연변이는 더프리스가 생각했던 것과는 달랐습니다. 더프리스의 큰달맞이꽃은 원래의 달맞이꽃과는 아주 다른 특징을 가졌었지만, 하얀 눈 초파리는 눈의 색깔 말고는 빨간색 눈을 가진 보통의 초파리와 다를 바가 없었거든요.

당시의 유전학 이론으로서는 이건 거의 불가능한 일이었어요. 하얀 눈 초파리가 낳은 알에서 깨어난 첫 번째 자식 1,024마리 중 3마리가 하얀 눈을 가지고 태어났으니까요!

큰달맞이꽃의 씨를 뿌리면 다 큰달맞이꽃이 피어요. 그렇게 따지면 하얀 눈 초파리의 새끼들도 다 하얀 눈 초파리로 태어나야 맞거든요. 우리는 뜻밖의 결과에 무척 당황했어요.

오죽하면 번식할 때 우리가 관리를 잘못해서 숫자를 잘못 센 것이 아니었나 의심까지 했답니다. 나는 여러 가지 가능성을 가설로 세워 보았어요.

가설 1. 루츠 박사가 넘겨준 하얀 눈의 수컷 초파리가 여러 번 번식한 뒤에 태어난 붉은 눈 암컷 초파리는 자기가 낳은 새끼들에게 붉은 눈 유전자 1개와 하얀 눈 유전자 1개를 같이 물려줘서 하얀 눈 초파리와 붉은 눈 초파리가 모두 태어났다.

가설 2. 초파리의 우성 형질은 붉은 눈이다. 따라서 비록 붉은 눈을 가진 초파리라도 유전자 안에는 하얀 눈의 유전 형질을 가지고 있을 수 있다. 따라서 새끼들 중에서 숨겨져 있던 하얀 눈 유전자를 가지고 태어난 새끼들이 나올 수 있다.

가설 3. '가설 2'의 조건에 맞는 붉은 눈 초파리 암컷이 우리가 찾아낸 돌연변이 하얀 눈 초파리 수컷과 짝짓기를 해서 하얀 눈 초파리가 몇 마리 태어났다.

이 가설들 중 정확한 답을 찾아내기 위해 나는 더 많은 하얀 눈 초파리가 필요했습니다. 즉시 나는 그 하얀 눈 초파리 수컷 3마리를 정상적인 붉은 눈의 암컷 초파리들과 짝짓기를 시켰습니다. 짝짓기를 끝낸 빨간 눈의 암컷 초파리는 먹이가 가득 든 배양기에 알을 낳았습니다. 몇 시간 후 알은 부화하고, 작은 애벌레들이 꾸물꾸물 기어나와 먹이를 먹기 시작하였습니다. 그 애벌레들은 일주일 뒤 번데기가 되었고 일주일 후에는 어른 초파리가 될 것이었습니다. 나는 조바심을 내며

번데기가 깨어나기만 기다렸어요.

마침내 어른이 된 초파리들이 번데기에서 빠져나오기 시작했습니다. 처음에 나온 녀석은 빨간 눈을 가지고 있었습니다. 뒤를 이어 나온 초파리도 빨간 눈을 가지고 있었습니다. 계속해서 빨간 눈을 가진 녀석들만 나왔습니다. 암컷이나 수컷을 불문하고 빨간 눈이었습니다. 모두가 빨간 눈을 가진 녀석들만 나왔습니다.

그래서 나는 다시 새로 태어난 빨간 눈의 암컷 초파리와 원래 있던 하얀 눈 수컷 초파리에게 다시 짝짓기를 시켰습니다. 그들 사이에 나온 초파리 새끼들은 총 4,252마리였는데 눈 색깔은 두 종류로 나뉘었습니다. 즉 멘델의 법칙에 따라 3,270마리의 붉은 눈을 가진 정상 초파리와 982마리의 하얀 눈 초파리가 태어났어요. 다시 말해 멘델의 분리의 법칙에 따라 약 3:1로 붉은 눈 형질과 하얀 눈 형질로 분리된 것입니다. 이것을 그림으로 표시해 보겠습니다.

그림을 보면 암컷 초파리 모두와 수컷 초파리 반이 야생형으로 붉은 눈을 갖고 있었고, 수컷의 반은 하얀 눈이었어요. 이 결과에서 독특한 패턴을 발견했습니다. 이례적인 것이었지요. 멘델 법칙에 따르면, 잡종 2대에서 수컷의 $\frac{1}{4}$과 암컷의 $\frac{1}{4}$이 열성 유전자인 하얀 눈을 갖고 태어나야 했거든요. 그런

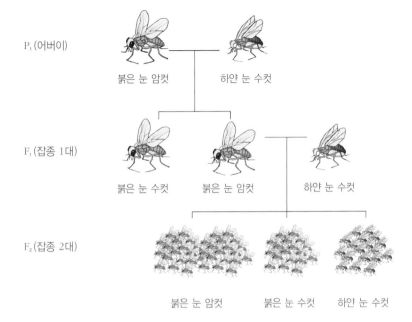

P₁ (어버이)

붉은 눈 암컷   하얀 눈 수컷

F₁ (잡종 1대)

붉은 눈 수컷   붉은 눈 암컷   하얀 눈 수컷

F₂ (잡종 2대)

붉은 눈 암컷   붉은 눈 수컷   하얀 눈 수컷

데 하얀 눈은 모두 수컷에서만 나타나고 암컷은 하얀 눈이 하나도 없이 모두 우성 유전자인 붉은 눈을 가지고 태어난 것입니다! 왜 초파리 눈의 하얀 색깔은 수컷에만 나타나는 것일까요?

우리는 하얀 눈 초파리가 모두 수컷에게서만 나타난 이유를 알아보기 위해 다음 실험을 했습니다.

하얀 눈 초파리 수컷과 정상 초파리 암컷이 짝짓기를 하면 모두 붉은 눈 초파리 새끼들이 나온다는 것은 하얀 눈을 결정해 주는 원인이 바로 X염색체에 있다는 것이 되겠지요. 그래서 앞의 그림을 다시 X염색체로 표시해 보겠습니다.

성염색체를 쉽게 알아보기 위해 남자는 XY, 여자는 XX로 나타냅니다. 따라서 붉은 눈의 유전자를 가진 X염색체에는 '+' 표시를 붙일 거예요. 붉은 눈이 우성이니까 그걸 알려 주기 위해서지요. 그리고 하얀 눈 유전자를 가진 X염색체에는 하얀색을 뜻하는 white의 첫 글자인 'w'를 써 주었어요. 자, 그럼 어떻게 쓰는지 알 수 있겠지요?

따라서 눈의 색깔을 결정하는 유전자가 성염색체에 연관되어 있다는 결론을 내릴 수 있었습니다. 이러한 사실을 증명할 수 있는 방법으로 나는 윌슨 박사와 함께 혈우병과 색맹의 유전 양상이 하얀 눈 형질의 유전에서도 동일한 모습으로 나타난다는 것을 알 수 있었습니다.

몇 달 뒤 나는 4가지 다른 색깔의 눈을 가진 다른 돌연변이들이 나타난 것을 찾았습니다. 분홍색, 선홍색 눈을 가진 녀석들이었지요. 우리는 이 분홍 인자가 하얀 눈의 인자와 다른 염색체에 위치하고 있어서 다른 유전 현상을 보였다는 결론을 내렸습니다. 그래서 유전에 관련된 인자들이 모두 염색체에 있는 것이 분명하다는 생각이 들었습니다. 따라서 유전 형질은 분리되는 것이지 섞이는 것이 아니라는 사실을 확신

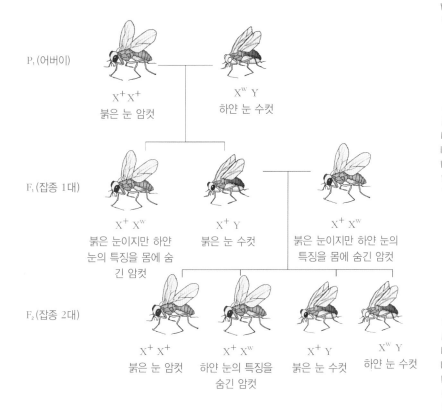

P, (어버이)

X^+X^+
붉은 눈 암컷

$X^W Y$
하얀 눈 수컷

F, (잡종 1대)

$X^+ X^W$
붉은 눈이지만 하얀
눈의 특징을 몸에 숨
긴 암컷

$X^+ Y$
붉은 눈 수컷

$X^+ X^W$
붉은 눈이지만 하얀 눈의
특징을 몸에 숨긴 암컷

F₂(잡종 2대)

$X^+ X^+$
붉은 눈 암컷

$X^+ X^W$
하얀 눈의 특징을
숨긴 암컷

$X^+ Y$
붉은 눈 수컷

$X^W Y$
하얀 눈 수컷

하기 시작하였습니다.

　이때부터 우리는 매달 1, 2마리의 새로운 돌연변이들을 찾
아낼 수 있게 되었습니다. 올리브 색깔의 초파리나 날개 가
장자리가 잘려 나간 것, 날개 위에도 비정상적인 색깔이 있
는 초파리들이 나타나기 시작한 것이지요. 그러다가 너무 많
은 돌연변이들이 나타나기 시작했어요. 그래서 1912년 말에

우리 아이들은 다
눈 색깔이 다르답니다.
빨간색, 하얀색,
분홍색도 있어요!

우리의 눈 색깔을
결정하는 염색체는
날고 있는 곳이 다 달라서
눈 색깔도 달라요!

는 외형적으로 확실히 구별할 수 있는 돌연변이체가 40종이 넘게 되었습니다. 그래서 그 돌연변이들을 여러 가지 방법으로 교배하여 연구에 필요한 초파리를 얻을 수 있었습니다.

그 돌연변이들을 분석한 결과 X염색체인 1번 염색체 상에는 하얀 눈 유전자가 놓여 있고, 2번 염색체에는 작은 반점을 갖게 하는 유전자가 있고, 3번 염색체에는 황록색 색깔을 갖게 하는 유전자, 그리고 4번 염색체에는 구부러진 날개를 갖게 하는 유전자가 놓여 있는 암컷 초파리를 얻을 수 있었습니다.

이렇게 얻어진 암컷과 새로 발견된 수컷의 돌연변이 초파리를 짝짓기해 보았습니다. 우리는 이 실험을 통해서 수컷의 돌연변이를 일으킨 유전자가 암컷의 유전자들과 함께 어떻게 나타나는지를 알아보았습니다. 만약 구부러진 날개를 가진 새로운 돌연변이 초파리가 나타나면 그 새로운 유전자는

거지가 아니라 연구원들이래. 초파리 키울 그릇이 모자라서 매일 빈 병 주으러 다니는 게 일이라지 뭐야.

어머, 불쌍해…. 거지들인가 봐!

분명히 4번 염색체 위에 있다고 추측할 수 있겠지요.

우리는 이런 결과들을 얻기 위해 수천 마리의 초파리를 키워야 했습니다. 초파리를 키울 그릇이 모자라 컬럼비아 대학교 식당에서 나오는 빈 우유병들이 사용되었으며, 에테르로 마취시킨 초파리들을 돋보기나 해부 현미경으로 보고 몸체를 살피고, 기록하는 작업이 계속되었어요.

　만약 특별한 초파리일 경우 마취에서 깨어나면 바로 바나
나 먹이가 들어 있는 병 속에서 교배 실험을 계속했습니다.
그래야 그 특별한 유전 형질을 계속 이어 갈 수 있기 때문이
었지요. 우리 실험실에서는 수천, 수만 마리나 되는 초파리
를 관찰하고 숫자를 세는 일이 매일같이 이루어졌습니다. 실
험실에서 실험하는 대학원생들은 집에 돌아갈 때면 초파리
가 든 병을 들고 가야 했습니다.

　우리는 유전자의 특성이 나타나는 것이 성에 따라 나타나
는 유전자와 성을 결정하는 유전자를 가진 염색체 사이에 관
계가 있다는 것을 증명하고 싶었어요. 날개를 작게 하는 유
전자도 하얀 눈을 결정하는 유전자와 같은 유전 현상을 보였
습니다.

반성 유전이란?

성염색체에 있는 유전자에 의해 일어나는 유전 현상을 말하는데, 보통 X염색체에 있는 유전자에 의한 유전을 반성 유전(伴性遺傳)이라고 합니다. 반대로 Y염색체에만 있는 유전자에 의하여 한쪽 성에만 나타나는 유전을 한성 유전(限性遺傳)이라고 하지요. Y염색체에만 있는 유전자에 의해 일어나는 유전에는 거피(guppy, 송사릿과의 열대 담수어)라는 이름의 열대어 수컷 등지느러미에 나타나는 검은 반점, 사람의 손가락, 하얀 송사리 등이 있습니다.

초파리의 하얀 눈 유전자는 X염색체에 있으므로, 하얀 눈 유전은 반성 유전입니다.

특정한 색을 잘 구별하지 못하는 색맹은 반성 유전의 대표적인 예로 색맹 유전자는 열성이며, X염색체에 있습니다. 혈우병의 유전자도 열성이며, X염색체에 있습니다. 이들도 모두 반성 유전입니다.

그림에서 보는 것처럼 반성 유전은 X염색체에 있는 유전 인자에 의해 그 형질이 결정되기 때문에 X염색체가 하나인 남자(XY)가 색맹에 걸릴 확률이 여자보다 높습니다. 여성은 X염색체에 색맹 인자를 가지고 있어도 다른 X염색체가 정상

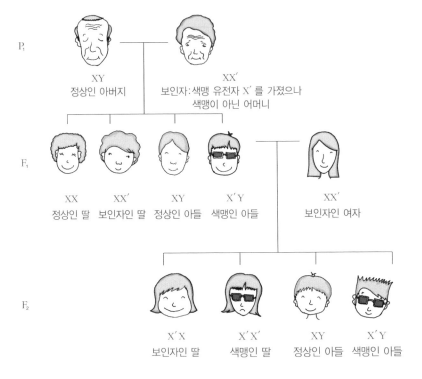

	P₁	
XY 정상인 아버지		XX′ 보인자:색맹 유전자 X′를 가졌으나 색맹이 아닌 어머니

F_1

XX 정상인 딸　XX′ 보인자인 딸　XY 정상인 아들　X′Y 색맹인 아들　XX′ 보인자인 여자

F_2

X′X 보인자인 딸　X′X′ 색맹인 딸　XY 정상인 아들　X′Y 색맹인 아들

일 경우 정상인으로 보입니다. 그러나 염색체 안에 색맹이 될 수 있는 유전 형질을 가지고 있기 때문에 그 여자가 결혼해서 아들을 낳으면 색맹인 아들이 태어날 가능성이 높아지는 것입니다.

1914년 나는 3쌍의 유전자 말고도 4번 염색체에도 여러 유전자가 있음을 알아내기 시작했습니다. 초파리의 돌연변이 중 구부러진 날개를 가진 초파리가 있었어요. 그 초파리의 4번 염색체에 구부러진 날개의 성질을 결정하는 유전자가 있다는 것을 제자인 멀러(Hermann Joseph Muller, 1890~1967)가 발견하였지요. 작은 날개를 결정하는 유전자는 하얀 눈을 결정하는 유전자처럼 성에 따라 나타나기 때문에 이들은 성염색체 상에 있다고 우리는 추측했었습니다.

그렇지만 간혹 이들 유전자가 서로 독립적으로 유전되는 것 같아서 이상하다는 생각이 들었지요. 다시 말해서, 한 염색체 상에 하얀 눈과 작은 날개의 유전자가 나타난 것은 수컷에서만 나타난 것이었습니다. 수컷은 X염색체가 하나만 있지

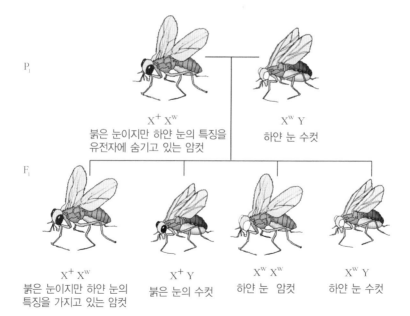

P_1

$X^+ X^w$
붉은 눈이지만 하얀 눈의 특징을
유전자에 숨기고 있는 암컷

$X^w Y$
하얀 눈 수컷

F_1

$X^+ X^w$
붉은 눈이지만 하얀 눈의
특징을 가지고 있는 암컷

$X^+ Y$
붉은 눈의 수컷

$X^w X^w$
하얀 눈 암컷

$X^w Y$
하얀 눈 수컷

만 암컷은 X염색체가 2개나 있어서, 하얀색 유전자를 받을 확률이 그만큼 낮다는 것입니다. 그래서 수컷 초파리에서 하얀색 눈이 훨씬 많이 나타난 것이었습니다.

초파리의 교차 실험

어느 날 두 유전자가 같은 X염색체 위에 있는데도 동시에 나타나지 않는 이유가 무엇인지 궁금했습니다. 아마도 이들 두 유전자 사이의 거리가 가깝지 않아서 그런 것이 아닐까요? 그러니까 생식 세포에서 감수 분열이 일어나 유전자 교환이 일어나면서 서로 유전자가 멀리 있으면 교환이 비교적 쉽게 일어나고, 너무 가까이 있으면 서로 교환이 일어나지 않을 것이란 생각을 하게 되었습니다.

나와 제자인 스터티번트는 초파리들을 하나하나 조사해서 교차 실험을 했습니다. 우리는 한 염색체 위에 있는 각 유전자들이 일정한 거리로 떨어져 있다는 것을 알아냈습니다.

실제로 염색체 위에 있는 유전자들 사이의 거리는 불과 몇백만 분의 1cm 정도밖에 되지 않습니다. 그러나 그들은 모두 서로 순서를 가지고 있었습니다. 유전자들이 서로 많이 떨어질수록 독립적으로 나타나려 하고, 완전히 독립되어 있다면 두 유전자는 서로 다른 염색체 위에 있게 되는 것입니다. 이것으로 한 염색체 상에 있는 유전자들의 위치를 상대적으로 표시할 수 있게 되었습니다. 바로 유전자 지도를 작성할 수 있게 된 것이었습니다.

우리는 돌연변이 유전자들의 상호 거리를 측정하기 시작했습니다. 이 지도는 매우 정확했습니다. 예를 들어, 초파리의 노란 눈 유전자와 하얀 눈 유전자는 1.5cm 떨어져 있고, 하얀 눈과 붉은 눈 유전자는 5.4cm 떨어져 있었습니다. 붉은 눈 유전자와 노란 눈 유전자는 6.9cm 떨어져 있는 것을 같은 방법으로 계산하였습니다. 따라서 하얀 눈 유전자는 노란 눈 유전자와 붉은 눈 유전자 가운데에 있다는 것을 금방 알 수

있었던 것이지요. 여기서 1cm는 두 유전자 간의 상대적인 위치를 지도 단위로 표시한 것이지 실제 거리를 표시한 것은 아닙니다.

멘델의 유전 법칙은 2쌍의 형질이 완전히 서로 다른 염색체 위에 있어서 독립적으로 나타나 9:3:3:1 비율로 나타나지만, 같은 염색체 위에 있는 두 유전자들은 감수 분열 시 교차되어 나타나면서, 예를 들어 11:1:1:3 비율로 나타났습니다. 이 비율의 가운데 있는 1:1 비율이 바로 교차에 의해 재조합된 초파리들이었습니다

우리는 이 실험을 통해 새로운 결론을 냈습니다. 즉 유전자

노란 눈 초파리　하얀 눈 초파리

붉은 눈 초파리

├ 1.5cm ┼──── 5.4cm ────┤

는 염색체의 일부이고, 그 유전자들은 염색체와 같이 행동한
다고 설명했습니다. 그래서 유전자는 2개의 상동 염색체 상
에 각각 1개씩 있게 되며, 각 개체는 2개의 같은 유전자 중
하나만 나타나서 한 자손에게 전해지는 것이라고 정의를 내
렸습니다. 그때부터 나는 초파리 연구실의 '왕초'로 불리기
시작했습니다.

만화로 본문 읽기

선생님, 이 초파리는 이상해요! 눈이 하얀색이에요.

어? 정말이네.

이것은 내 연구 중에 가장 큰 업적인 하얀 눈 초파리입니다.

하얀 눈 초파리요?

첫 번째 하얀 눈 초파리에서 낳은 자식 1,024마리 중 3마리가 하얀 눈을 가지고 태어났습니다.

하얀 눈 초파리가 낳은 자식은 모두 하얀 눈 초파리여야 하지 않나요?

나도 처음에 그렇게 생각했답니다. 그래서 하얀 눈 초파리 수컷 세 마리를 붉은 눈의 암컷 초파리와 교배했더니 모두 붉은 눈 초파리만 나왔답니다.

어? 그럼 하얀 눈 초파리가 사라졌나요?

아닙니다. 붉은 눈으로만 태어난 초파리를 원래 하얀 눈 초파리와 교배를 시켰더니 붉은 눈 형질과 하얀 눈 형질로 분리되었습니다.

그런데 하얀 눈 초파리는 수컷이 많네요.

(3,270마리) (982마리)

맞아요. 그래서 연구를 통해 눈의 색깔을 결정하는 유전자가 성염색체 X에 연관되어 있다는 결론을 내렸답니다.

아, 그래서 X염색체가 두 개인 암컷보다 한 개인 수컷에서 하얀색 유전자를 받을 확률이 높은 거군요!

3

초파리에서
염색체설이 태어나다

염색체설이란 무엇일까요?
유전자와 염색체에 대해서 알아봅시다.

3

초파리에서
염색체설이 태어나다

모건이 정말 신기한 유전에 대해
세 번째 수업을 시작했다.

"돌연변이 초파리 중에서 노란 눈을 가진 녀석도 있었군요.
그건 처음 알았어요!"

태우가 놀라서 소리쳤습니다. 흥분해서 어쩔 줄 모르는 태
우에게 모건 박사가 웃으며 말했습니다.

"유전이란 정말 신기하지 않니? 이렇게 경이로운 녀석들이
태어날 수 있다니 말이다."

박사의 말이 채 끝나기도 전에 태우가 소리쳤습니다.

"노란 눈의 초파리가 보고 싶어요!"

"저도요! 저도 보고 싶어요!"

징그러운 파리라고 말할 때는 언제고 태우의 옆에 찰싹 달라붙은 지아까지 박사에게 떼를 쓰기 시작했습니다.

박사는 웃으며 다시 말을 이어 갔습니다.

"녀석들을 보기 전에 우선 녀석들에 대해 아는 것이 먼저란다. 자, 그럼 초파리의 유전적 특성에 대해 알아보자꾸나."

염색체

세균들의 세포에서 염색체는 세포질에 약간의 단백질 성분과 유전 물질 DNA가 실타래같이 엉겨 있는 모습으로 보입니다. 핵막이 없어서 원핵 세포(체세포 분열을 하는 뚜렷한 핵이나 염색체를 가지고 있지 않은 세포)라 부르지요.

그러나 동식물 세포들과 일부 미생물 세포들은 세포 내에 핵막으로 둘러싸인 핵을 갖고 있고, 그 안에 유전 물질 DNA가 들어 있습니다. 이 DNA들은 세포 분열을 할 때 뉴클레오솜이란 구조를 만들어 냅니다. 이들은 세포 안의 많은 히스톤 단백질 덩어리를 DNA가 감싸고 있는 구조물입니다. 이 구조물은 수없이 많이 반복되어 있는데, 이때 염색약을 처리하면 염색약이 히스톤 단백질에 붙어서 염색되어 보여 염색체라 합니다.

세포 분열이 끝나고 성장하고 있는 세포의 핵 속에는 일부 뉴클레오솜으로 엉겨 있는 부분과 DNA 일부가 노출된 부분으로 나누어져 있습니다. 그리고 시간이 지남에 따라 그러한 부분들이 자꾸 바뀌면서 옅은 색으로 염색되기도 하는 가느다란 염색질로 보입니다. 이것은 세포의 유전자가 활발하게 활동하는 것을 말합니다.

생명의 정보가 담긴 DNA

옛날에는 세포 내부의 모습이 신비에 싸여 있었습니다. 멘델이 비록 유전 법칙을 세웠지만 사실 세포 내부를 본 사람은 아무도 없었습니다. 하지만 현대는 과학 기술의 발전으로 현미경이 발명되고, 다양한 염색약도 만들어졌습니다. 그래서 세포에 염색약을 떨어뜨리고 현미경으로 들여다보면 세포 내부의 모습을 또렷하게 볼 수 있게 되었습니다.

20세기로 넘어오면서 사람들은 염색체가 바로 유전 물질을 전달해 주는 것이라는 사실을 알게 되었습니다. 바로 DNA에 유전자라는 생명의 정보가 담겨 있는 것이지요.

무성 생식과 유성 생식

무성 생식

유성 생식

생물은 생식 방법에 따라 무성 생식과 유성 생식으로 나눌 수 있습니다.

무성 생식에 속하는 모든 생물은 오직 한 가지 성만을 가집니다. 즉, 하나의 생물이 남자인지 여자인지 구별이 없는 거예요. 짚신벌레나 아메바 같은 생물이 무성 생식을 합니다. 이들은 사람처럼 여자와 남자가 결혼해서 아이를 낳는 것이 아니라, 일정한 시기가 되면 몸이 반쪽으로 갈라져서 각각 하나의 생명체가 됩니다.

이와 달리 유성 생식은 남자와 여자라는 2가지 성을 가지고 있는 생물들이 교배해서 새로운 생명을 만들어 냅니다. 사람으로 말하면 남자와 여자가 결혼해서 여러분들이 태어난 것이 모두 유성 생식을 한 결과라고 말할 수 있습니다.

이렇게 유성 생식을 하는 생물체에는 2가지 유형의 염색체가 있습니다. 하나는 성염색체이고 또 다른 하나는 상염색체라고 부릅니다. 상염색체들은 성에 관련되지 않은 모든 형질을 유전시키고, 성염색체는 성에 관련된 유전자를 가지고 있습니다.

사람은 22쌍의 상염색체와 1쌍의 성염색체를 가졌어요. 그러니까 총 46개의 염색체를 갖고 있는 것입니다. 보통의 초파리는 4쌍의 염색체를 갖고 있는데 3쌍의 상염색체와 1쌍의 성염색체를 가졌답니다. 여기서 염색체 쌍을 이루는 2개는 서로 상동 염색체라 하며, 한쪽은 아빠의 염색체에서 나온 것이고 다른 한쪽은 엄마의 염색체에서 나온 것이라 할 수 있

그게 아니라 염색체의 교차 때문이에요!!

엄아 아빠랑 전혀 안 닮은 걸 보니 넌 다리 밑에서 주워 왔구나!

지요.

염색체는 길이가 길어서 물리적인 힘에 의해 쉽게 부러질 수도 있습니다. 대개는 부러져도 다시 원래대로 붙지만 교차에 의해 서로 다른 상동 염색체 또는 다른 염색체 쪽이 다시 붙을 수도 있습니다. 그 결과 정자나 난자가 수정되면 예상하지 못한 자손이 나올 수도 있는 것입니다.

여기서 잠깐 초파리 암수를 구별하는 방법을 설명해 줄게요. 초파리 수컷은 암컷보다 몸집이 약간 더 작습니다. 그리고 배 부분이 암컷보다 더 검은색을 띠고 앞다리에 생식 기관이 있습니다. 마지막으로 배 꽁무니가 암컷보다 둥근 모습을 보입니다.

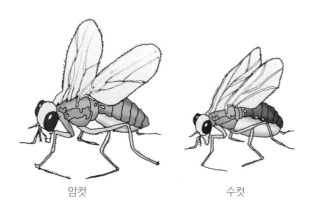

암컷   수컷

초파리의 암컷과 수컷

초파리 유전체

초파리는 4쌍의 염색체를 갖고 있는데, X와 Y라는 성염색체와 2, 3, 4번의 상염색체로 되어 있습니다. 4번 염색체는 크기가 매우 작습니다. 전체 염색체는 약 1억 6,500만 개의 염기쌍으로 되어 있다고 하며 약 3만 5,000개의 유전자가 있다고 합니다.

사람의 경우 약 33억 개의 염기쌍이 46개 염색체에 있고 어떤 상동 염색체는 길이가 길고 어떤 것은 짧으며 모두 약 5만 5,000개 유전자로 되어 있다는 사실이 최근 알려졌습니다. 각 유전자는 최소 하나씩의 유전 형질을 나타내어 키가 크게 하기도 하고 작게 하기도 하는 것입니다.

첫 번째 염색체 지도

1913년 우리 실험실에서 일하고 있던 스터티번트는 유전자 지도(염색체 위에 있는 유전자의 성질과 위치를 표시한 도표)를 그려 냈습니다. 그는 다음 6종류의 초파리를 가지고 실험을 했습니다.

몸체가 노란색으로 바뀌는 초파리, 하얀 눈 초파리, 붉은 눈 초파리, 주홍 눈 초파리, 작은 날개를 가진 초파리, 날개가 퇴화되어 흔적만 남은 초파리 등의 돌연변이를 갖고 교차 실험을 시행했습니다. 하얀 눈과 붉은 눈은 서로 대립 유전자이므로 서로 교차가 일어날 수 없었습니다. 그래서 각 유전자들은 같은 위치에 있게 됩니다.

그는 유전자들이 직선 상에 배열되어 있음을 보여 주었으며, 핵 속에 있는 직선형의 염색체에 유전자가 놓여 있다는 기본 개념을 보여 주었습니다. 세포학적으로 감수 분열이 일어나는 동안에 염색체 간의 교차 결과로 나타난 것이어서, 유전학적으로 얘기하던 교차는 결국 세포학적 교차 결과를 사진으로 확인하여 교차를 증명할 수 있었습니다.

세포학적으로 유전자가 염색체에 있음을 사실적으로 보여 주는 것이 바로 거대 염색체(침샘 염색체)입니다. 거대 염색체는 침을 만드는 침샘에서 유전자가 계속 반복하여 염색체 DNA가 복제되어 두껍게 나타난 것이지요. 이 사진으로 비로소 사람들은 유전자가 염색체 위에 있다는 것을 이해하기 시작한 것입니다. 노벨상을 받으러 스웨덴으로 가는 길에 이 사진을 찍을 수 있었다는 사실을 나는 듣게 되었습니다. 그래서 나의 노벨상 시상식은 더욱 빛이 났습니다.

거대 염색체는 초파리가 애벌레로 자라날 때 훨씬 더 많은
유전자가 발현되어야 하기 때문에 세포의 크기도 훨씬 더 커
지고, 각 염색체는 수백 번 복제하여 유전자가 나타나는 빈
도가 높아집니다. 이렇게 수없이 복제된 염색체의 DNA는 서
로 붙어 있어서 염색하면 가로 무늬 띠의 모습이 현미경으로
보입니다. 어떤 부분은 더 검게 염색되어 보이고, 어떤 부분
은 약하게 염색되어 보이지요.

그래서 어떤 부분이 많이 없어졌거나 부분적으로 재배열되
어 있으면 정상적인 부분과 구별할 수 있게 해 줍니다. 유전

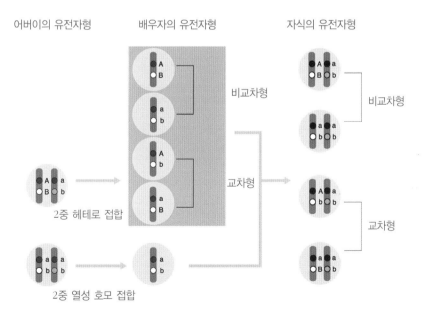

자가 염색체 위에 있다는 염색체설을 내가 완전히 확신하게 된 것도 바로 세포학적으로 염색체 부분을 확인하고 나서입니다.

암컷과 수컷을 구별하는 것은 바로 성염색체에 따릅니다. 이미 1890년대에 생물학자들은 현미경 아래에서 짝이 없는 염색체를 발견했습니다. 그들은 그 이해할 수 없는 염색체를 '잘 모른다'는 뜻으로 'X염색체'라고 했지요. 그 몇 년 뒤 X염색체와 짝을 이루는 땅딸막한 모양의 염색체를 'Y염색체'라고 했습니다. 수컷은 이들 X와 Y 염색체를, 그리고 암컷은 2개의 X염색체만 갖고 있음도 밝혀졌습니다. 그렇지만 어떤 다른 동물은 암컷이 XY염색체를 갖고 있기도 합니다.

이번에 인간의 유전자 지도 완성되었으며….

선생님 처음으로 유전자 지도를 만든 사람은 누구인가요?

1913년 내 실험실에서 일하고 있던 스터티번트가 유전자 지도를 그려 냈습니다.

어떻게 그리게 되었나요?

그는 여섯 종류의 돌연변이 초파리를 갖고 교차 실험을 시행했습니다.

여기서 하얀 눈과 붉은 눈은 서로 대립 유전자이므로 서로 교차가 일어나지 않았답니다.

왜 그런가요?

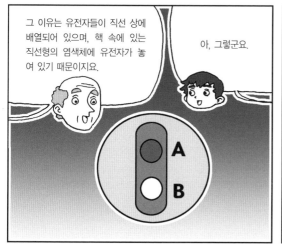

그 이유는 유전자들이 직선 상에 배열되어 있으며, 핵 속에 있는 직선형의 염색체에 유전자가 놓여 있기 때문이지요.

아, 그렇군요.

A
B

또한 세포학적으로 유전자가 염색체에 있음을 사실적으로 보여 준 것은 초파리의 침샘에 있는 폴리텐 염색체였습니다.

폴리텐 염색체 = 거대 염색체

4

유전학의 대부로 불리다

모건이 유전학에서 이룬 업적은 무엇일까요?
모건이 '유전학의 대부'로 불리기까지의 업적에 대해서 알아봅시다.

4

유전학의
대부로 불리다

모건 박사가
유리병을 가져다 놓으며
네 번째 수업을 시작했다.

노란 눈을 가진 초파리에 감탄하던 태우와 지아는 순간
'픽' 하고 웃음을 터뜨렸습니다.

"듣던 대로 정말 우유병에다 초파리를 기르시네요."

아이들의 말에 모건 박사가 머쓱하게 웃었습니다.

"워낙 기르고 있는 초파리가 많아서 말이야. 오늘도 연구원
들이 남은 우유병이 없는지 찾으러 나갔지."

"하하하하."

아이들의 웃음에 모건 박사는 부드럽지만 위엄 있게 말했
습니다.

"겉모습은 그리 중요한 게 아니란다. 중요한 것은 학문에 대한 열의와 성실함이야."

모건 박사의 말에 태우와 지아는 동시에 고개를 끄덕였습니다. 박사의 말이 옳다는 것은 알지만 여전히 우유병은 조금 우스워 보였습니다. 이렇게 위대한 발견을 한 연구소에 빈 우유병들이 늘어서 있는 모습이라니요.

"그래도 우유병은 좀 웃겨요."

웃음을 참지 못한 지아가 까르륵거리며 말했습니다.

"사실 나도 보고 있으면 우스울 때가 많아. 우리 연구실이 마치 우유 배급소로 변해 버린 것 같거든."

지아와 함께 웃으며 모건 박사도 농담을 던졌습니다.

유전자 지도의 작성

하얀 눈을 가진 초파리는 나에게 놀라운 변화를 가져왔습니다. 그동안 멘델의 유전 이론과 염색체가 유전을 조절하는 물질일 것이라는 생각에 동의하지 못하고 있던 나의 생각이 잘못되었음을 인정하게 해 주었으며, 유전학을 꽃피우게 하는 계기를 가져왔습니다.

1910년 6월부터 8월 사이에 우리는 날개가 완성되지 않는 돌연변이, 날개 끝이 잘린 돌연변이, 날개가 작은 돌연변이 초파리들을 얻었습니다. 몸의 크기는 야생형과 다를 바가 없었습니다. 또 몸이 올리브색인 초파리, 눈 색깔이 분홍색인 초파리도 얻었습니다. 이들의 유전적인 특징은 변이가 되어 열성 형질로서 멘델의 법칙에 따라 성염색체나 다른 염색체 위에 놓여서 유전되는 것을 확인했습니다.

방사선을 쪼여서 돌연변이를 얻는 일은 참 어려웠습니다. 한 가지 유전자에 돌연변이가 일어나서 새로운 형질이 나타나도록 하되, 나머지 부분은 보통 초파리와 다름없게 태어나야만 했기 때문입니다.

예를 들면 하얀 눈 초파리는 눈 색깔만 다를 뿐 나머지는 빨간 눈의 보통 초파리와 같아야만 한다는 거예요. 너무 많은 유전자들에 돌연변이가 일어나면 알이 태어나기도 전에 죽어 버리고, 그럼 우리는 새로운 돌연변이 초파리를 볼 수 없게 되었습니다.

그래서 한 번에 수만 마리씩 초파리를 키우는 일을 시작하였습니다. 수가 많을수록 그만큼 돌연변이를 얻을 확률이 높아지기 때문이었습니다. 이것은 복권을 1장 사는 경우보다 2장 사면 당첨 확률이 더 높아지는 경우와 비슷합니다.

에이, 난 꽝이야!

난 1장은 붙었어
2장 샀거든!

　우리는 수만 마리씩 초파리를 키워서 돌연변이의 확률을
높였습니다. 그렇게 해서 태어난 열성 유전자를 가진 암수
초파리들에게 짝짓기 하는 일을 계속해 갔습니다.

　4개의 염색체를 가지고 있는 초파리는 많은 유전자들이
4개 염색체에 놓여 있을 것이고, 그 유전자들은 물리적으
로 서로 사슬처럼 연속적으로 연결되어 있을 것입니다. 한
염색체 위에 놓여 있는 것들 중에서 하나의 유전자 돌연변
이를 잡아당기면 다른 유전자들도 한번에 끌려옵니다. 그
러니까 하나의 염색체 위에 연결되어 있는 여러 유전자들
이 한꺼번에 유전된다고 생각했었어요. 그러나 2개의 유
전자가 함께 돌연변이로 나타나는 일이 없었습니다. 2개

의 유전자가 같은 염색체에 함께 있다면 분석하기 쉬울 텐데 말입니다.

1910년 여름에 같은 염색체 상에서 서로 연결된 것 같은 찌그러진 날개와 하얀 눈을 가진 돌연변이 초파리가 드디어 나타났습니다. 우리는 이들이 X염색체에 놓여 있는 것으로 판단했습니다. 그러나 실제 그들은 한꺼번에 나타나지 않았습니다. 그것은 연관되어 있지만 교차하기 때문에 서로 다르게 나타나는 것이었지요. 이런 실험 결과를 이용해서 스터티번트는 유전자 지도를 작성할 수 있었던 것입니다. 그 후 1915년까지 100여 개의 돌연변이 유전자의 위치가 결정되었습니다.

그러던 중 내 아내 릴리언(Lilian Vaughan Sampson)은 새로운 돌연변이 초파리를 찾아내었습니다. 그 초파리는 특이했습니다. 성염색체에 연관된 열성 형질인 배가 노란색인 암컷 초파리였습니다. 이 노란색 암컷 초파리를 보통의 수컷 초파리와 교배를 시켰습니다. 그들 사이에서 태어난 모든 암컷은 어미처럼 노란색의 배를 가지고 있었습니다. 반면에 모든 수컷은 아버지와 같이 일반적인 초파리였습니다.

초파리의 성 결정이 단지 X나 Y염색체에 의해서가 아니라 상염색체와의 양적인 평형에 따라 결정된다는 브리지의 학설을 뒷받침해 준 결과를 가져왔습니다. 배가 노란 초파리는 노란색 형질을 나타내는 한 쌍의 염색체가 반으로 분리되지 않았던 것입니다.

다시 말하면, 암컷이나 수컷을 결정하는 성염색체 X나 Y 염색체가 성만 결정하는 것이 아니라 형질 결정에 의해서도 영향을 미친다는 것입니다.

초파리 성의 결정은 일반적으로 사람처럼 X와 Y 염색체가 암컷은 동형 구조의 염색체 XX를 가지고, 수컷은 이형 구조의 염색체 XY를 가지고 있습니다. 세포학적인 염색체 사진을 보면 확실히 암컷은 X가 2개, 수컷은 X와 Y 염색체가 보입니다.

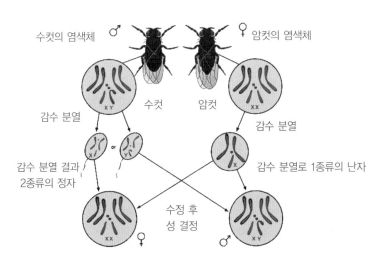

초파리의 성 결정 방법

우유는 역시 병에 든 우유가 맛있어.

우유병은 버리지 말고 나에게 주세요.

우유병은 왜요?

초파리를 키우는 데 우유병이 가장 좋아요. 우리 연구실에 가 볼까요?

마치 우유 보급소 같아요.

나도 가끔 그렇게 생각합니다. 하지만 여기서 많은 연구가 이루어졌답니다.

특히 1910년 여름에는 아래 초파리 그림에서 보이는 것처럼 여러 가지 돌연변이를 얻었습니다. 또 찌그러진 날개와 하얀 눈을 가진 초파리 연구를 통해 돌연변이 형질이 X염색체에 놓여 있는 것을 판단할 수 있었습니다.

날개 끝이 잘린 초파리   **날개가 작은 초파리**   **분홍색 눈 초파리**   **올리브색인 초파리**

그 두 가지가 한꺼번에 나타났나요?

아닙니다. 교차 때문에 서로 다르게 나타났지요.

찌그러진 날개 초파리   **하얀 눈 초파리**

이런 실험 결과를 이용해 스터티번트가 유전자 지도를 작성할 수 있었던 것입니다.

아, 그렇군요.

멀러와 도브잔스키

멀러와 도브잔스키는 어떤 사람일까요?
모건과 그의 제자들은 어떤 연구를 했는지 알아봅시다.

5

다섯 번째 수업

멀러와
도브잔스키

모건이 제자들을 떠올리며
뿌듯한 표정으로
다섯 번째 수업을 시작했다.

"정말 대단해요. 하나하나의 유전자를 이렇게 지도로 만들다니! 박사님은 정말 대단하세요."

모건과 그의 제자 스터티번트가 만든 유전자 지도를 보며 태우가 놀라는 표정으로 말했습니다. 책상 위에 펼쳐져 있는 자료들을 애정 어린 눈으로 보던 모건 박사가 재빨리 태우의 말을 고쳐 주었습니다.

"이 많은 일들은 나 혼자서는 절대로 할 수 없었단다. 우리 연구실의 제자들과 내 아내 릴리언까지 모두 힘을 합쳤기에 할 수 있는 일이었어."

"그래도 박사님이 이 연구를 시작하지 않으셨다면 이렇게 초파리 연구가 발전할 수 없었을 거예요."

태우가 약간 흥분해서 목소리를 높였습니다. 그런 태우에게 싱긋 웃어 보이며 모건 박사는 말을 이어 갔습니다.

"나는 고집이 센 편이지. 그래서 종종 쓸데없이 주장을 굽히지 않곤 했단다. 그러나 제자들은 이런 나의 단점을 이해하고 따라 주었어. 그리고 자기만의 연구도 꾸준히 해 나갔지. 그럼 내 자랑스러운 제자들인 멀러와 도브잔스키(Theodosius Dobzansky, 1900~1975)의 이야기를 들어보겠니?"

멀러

초파리 알이나 애벌레에 방사성 동위 원소를 일정 시간 쪼이거나, 강한 화학 물질을 뿌리면 돌연변이를 일으킨 초파리가 태어납니다. 이렇게 하지 않아도 자연적으로 돌연변이가 생길 수는 있지만 그 확률은 대단히 낮습니다. 그래서 확률적으로 1,000마리 또는 1만 마리에 1마리 정도로 돌연변이가 나오도록 화학적, 물리적 처리를 하는 것입니다.

이 방법은 멀러 박사가 개발했습니다. 멀러는 인공 돌연변이 방법을 개발하여 수많은 초파리 돌연변이를 얻어 냈습니다. 1970년대 유전학 연구에 그의 인공 돌연변이 방법이 자주 사용되었습니다.

초파리 연구가 시작되었던 1910년대에는 인공적으로 돌연변이를 얻을 수 있는 방법을 아무도 모르고 있었습니다. 당시에는 돌연변이에 대한 생물학적 기초도 없었으며, 유전학적인 기초도 없었던 때였지요. 나도 더프리스의 큰달맞이꽃 돌연변이처럼 초파리 돌연변이를 얻으려고 초파리에게 학대를 했던 셈입니다.

멀더는 1920년에 컬럼비아에서 오스틴에 있는 텍사스 대학교로 옮겨 갔습니다. 1926년 X선 방사선으로 돌연변이를 일으키는 비율이 훨씬 뛰어나다고 보았습니다. X선을 초파리에게 쪼이면 쉽게 돌연변이를 얻어 낼 수 있었습니다. 그는 흰 눈을 가진 초파리, 날개에 이상이 생긴 초파리 등 이전 나의 실험실에서 얻었던 돌연변이 초파리들을 쉽게 얻어 냈습니다. 유전적으로는 자연 돌연변이와 유사하다는 것이 알려져 돌연변이체를 이용한 유전학 연구가 활발해졌습니다.

멀러의 인공 돌연변이 생성 방법으로 수많은 돌연변이 초파리들이 태어났습니다. 1970년대까지 이러한 돌연변이 초

파리들은 유전학 연구에 크게 도움을 주었습니다. 1946년 스터티번트의 제자였던 루이스(Edward B. Lewis, 1918~2004)는 캘리포니아 공과 대학에서 '바이소락스' 라는 가슴이 2개라는 뜻의 돌연변이 초파리로 연구를 시작했답니다.

보통 초파리는 날개가 1쌍인데, 이 녀석은 날개가 2쌍이었어요. 이런 돌연변이는 내가 만들어 냈던 돌연변이와는 판이하게 달랐습니다. 그가 만든 초파리는 몸 전체에 큰 변화를 가진 것 같았습니다. 그렇다고 여러 곳의 유전자가 변이된 것은 아니고, 하얀 눈 초파리같이 하나의 유전자에 변이가 일어난 것입니다. 그렇게 크게 몸체의 변화가 일어나려면 많은 세포와 유전자가 관련되어야 할 것인데도, 그것을 조정해 주는 유전자는 단 하나뿐이라니 이상한 일이었지요. 이러한 유전자들은 초파리의 발생을 조절하는 중요한 유전자 집단으로 알려지게 됩니다.

이로써 초파리가 수정란에서부터 어른 벌레가 되어 가면서 움직이는 유전자들의 상호 관계가 밝혀지기 시작한 것입니다. 그러나 이러한 일을 하려면 수천 마리의 어른 초파리에게 돌연변이를 일으키는 화학 물질을 먹여서 굉장히 많은 수의 돌연변이를 만들어야 합니다.

각 초파리는 한두 가지의 돌연변이가 나타나고, 초파리 집단은 모든 초파리 유전자를 망라하는 돌연변이를 나타낼 것입니다. 수정란에서부터 어른이 되어 가는 데 순차적으로 어떤 일이 일어나는지 알아낼 수 있게 된 것입니다. 많은 과학자들의 노력으로 초파리가 어떻게 자라나는지 대충의 윤곽이 잡혀 가기 시작했습니다. 그 시기에 바로 제어 유전자라는 것이 발견되었지요.

제어 유전자

그럼 제어 유전자란 대체 무엇일까요?

이 단어의 뜻을 알기 위해서는 우선 제어라는 말이 무엇인지를 알아야 해요. 제어란 사람의 뜻대로 어떤 물건을 다루는 것을 말한답니다.

이 말이 잘 이해가 안 된다면 방마다 있는 형광등 스위치를 생각해 보시면 쉽게 아실 수 있을 거예요. 우리가 어두워서 방에 들어가면 우선 전기 스위치를 켜지요? 그럼 불이 들어오잖아요. 그리고 잘 때가 되어 전기 스위치를 끄면 불이 꺼지지요. 이것이 바로 전기 스위치를 '제어' 한다는 뜻이에요.

팔을 만드는 유전자들은 팔 부분의 세포 안에서 팔을 만드는 데 쓸 단백질을 만들어요. 배에서는 배를 만드는 데 쓰는 다른 유전자들이 움직이고요. 하지만 배 안에는 배를 만드는 유전자들만 있는 게 아니에요. 팔 안에 팔을 만드는 유전자만 있는 게 아니고요. 배나 팔이나 그곳에 있는 세포들은 모두가 똑같은 4개의 염색체를 갖고 있지만, 배나 팔이 자기에게 독특한 유전자를 작동시키는 것입니다. 이것이 유전자 제어 시스템이지요.

배와 팔 안에 있는 유전자들은 어떤 것은 팔로 만들고 어떤 것은 배로 만들어요. 그러나 팔에서 팔을 만들고 있을 때는 팔을 만드는 유전자 스위치에 불이 들어오고, 배를 만드는 유전자의 스위치는 불이 꺼지는 거지요. 또 배를 만들 때는 그 반대의 상황이 생기는 거예요.

제어 유전자의 구조를 초파리에서 알게 된 후 비슷한 제어 유전자가 다른 생물체에도 있다는 것을 알아내기 시작하였습니다. 그 결과 생물체의 발생을 제어하는 유전자를 발견했어요. 그것은 호메오박스라고 이름 지어졌습니다. 모든 생물은 하등한 생물이든 고등한 생물이든 공통적으로 유사한 호메오박스의 구조를 갖고 있다는 것이 알려졌습니다. 이것은 생물체들의 종류와 모양이 각각 달라도 그 기본적인 골격은 다 비슷하다는 것을 우리에게 알려 주는 것이었습니다.

우리가 쥐, 돼지, 소의 수정란이 성장하면서 초기에 나타나는 태아 모습을 보면, 발생 초기에는 유사한 모양을 보이다가 발생이 진행되면서 점차 쥐나 돼지의 고유 모습으로 바뀌어 가는 것을 볼 수 있습니다. 사람은 신체 설계도가 더욱더 복잡하게 구성되어 있습니다.

동물의 유전자에 과도한 돌연변이가 일어나면 제어 유전자가 정돈되어 작동하지 못하게 됩니다. 그렇게 되면 전혀 생각하지 못할 괴물 모습이 될 가능성이 있습니다. 하지만 발생이 순서대로 진행되지 못하면 대부분 태어나지 못하고 죽게 됩니다.

제어 유전자는 여러 유전자들을 제어합니다. 그렇다면 제어 유전자를 제어하는 것은 무엇일까요? 제어 유전자를 제어하는 유전자가 있다면, 그 유전자는 무엇일까요?

네가 아무리 커도
나랑 너랑
별 차이가 없어.
우리의 호메오박스는
거의 비슷하거든!

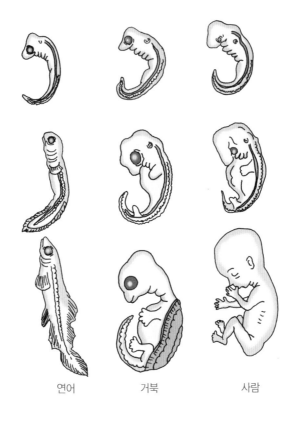

연어   거북   사람

그 해답은 바로 난자에 있습니다. 난자 속에는 특수한 화학 물질들이 들어 있습니다. 이 화학 물질들은 난자 안에 골고루 퍼져 있습니다. 그리고 난자의 어느 곳에 있느냐에 따라 농도가 달라집니다. 어떤 곳은 아주 진하고, 어떤 곳은 아주 연하지요. 여러분이 주스를 마실 때 밑바닥이 주스가 가라앉아 진해 보일 때가 있잖아요. 그것처럼 난자 안의 화학 물질들은 장소에 따라 그 진한 정도가 다르고, 그 성질도 조금씩 달라집니다.

이런 수정란의 내부에서 세포들은 화학 물질에 서로 다르게 반응하여 다른 몸체를 만들어 가는 것입니다. 그리고 서로 다른 몸체의 세포들은 상호 작용하여 점점 더 복잡한 모습으로 발달하여 갑니다.

이러한 세포 분화와 형태 변화에 의해 수정란은 태아가 되고, 태아는 성체가 되어 태어난 후에 성인으로 자라는 것입니다. 조그만 초파리의 발생 과정을 통해 인간이 발생하는 과정에 대한 단서를 알기 시작했습니다.

러시아 태생의 도브잔스키는 27세 되던 해인 1927년 록펠러 재단 장학생으로 내 연구실에 초파리 유전을 연구하러 왔습니다. 그는 처음 내 연구실에 왔을 때 정말 놀랐다고 해요. 문을 열자마자 초파리 먹이에서 나는 시큼한 음식 냄새와 집주인처럼 당당하게 돌아다니는 바퀴벌레 때문에 어이가 없었다고 하더군요.

도브잔스키는 실험실에 틀어박혀 연구하는 일보다도 야외로 나가서 채집하고 분석하는 일을 좋아했습니다. 나는 초파리 집단에서 생기는 유전적 돌연변이들을 생각하는 것보다 초파리 개체들이 보이는 유전적인 돌연변이에 더 관심이 많았습니다.

그러나 그는 일상적인 자연 속에 많은 변이가 있을 거라는 생각을 했습니다. 매일매일 넓은 캘리포니아를 휘젓고 다니던 도브잔스키는 우연히 야생 초파리인 드로소필라 프세우도오브스쿠라(*Drosophila pseudoobscura*)를 만났습니다.

이 초파리들은 야생종이지만 연구실 근처에도 많았고 다루기도 쉬웠습니다. 그는 야외에서 채집한 초파리 종을 실험실로 갖고 와서 염색체를 조사하기 시작했습니다. 그러다가 1933년 초파리 침샘 속에서 새로운 사실을 알아냈습니다. 바로 침샘 세포 속에서 거대 염색체를 발견한 것입니다.

세 번째 수업에서 설명한 것처럼 거대 염색체는 다른 염색체들처럼 세포 분열을 하지 않았습니다. 다만 세포의 DNA가 수없이 반복해서 복제될 뿐이었지요. 이상한 생각이 들어 염색체를 염색해 보니 띠 모양이 나타났고, 특정 유전자들이 보였습니다. 그는 현미경으로 이 띠를 관찰하면서 집단 내에서 유전적인 변이에 따라 서로 다른 역위를 구별하였습니다. 역위란 1번 염색체에 있는 유전자들이 ABCDE 순서로 되어 있는데, 다른 초파리에서는 그 순서가 ABEDC로 뒤집혀 있다는 것입니다. 이로써 유전자의 염색체설을 확고히 뒷받침할 수 있는 결과를 보여 주게 되었습니다. 그 후 도브잔스키는 미국 서부 지역, 멕시코, 캐나다 지역까지 돌아다니면서 초파리를 수집했습니다.

도브잔스키는 수집한 초파리를 실험실로 갖고 와서 현미경으로 염색체를 관찰했습니다. 그 연구를 통해 우리는 초파리들이 유전적으로 매우 다양한 모습을 가지고 있다는 것을 알게 되었습니다. 그 결과 초파리 집단에 사는 모든 초파리들이 유전적으로 같다는 생각이 틀렸다는 사실을 알게 되었지요.

어느 일정한 지역에 사는 초파리들은 수많은 유전적 변이들을 몸 안에 지니고 있습니다. 그러다가 일부 초파리들이 꽤 떨어진 곳으로 옮겨 가면서 여태까지 살고 있던 곳과는 다른 환경을 만나게 됩니다. 새로운 환경에 적응하기 위해 초파리들에게 새로운 유전적인 돌연변이가 나타납니다. 그리고 그런 개체들이 모여서 새로운 집단을 이루게 되는 것입니다.

이 발견은 다윈의 자연 선택에 의한 진화론을 증명해 주는 것이었습니다. 바로 진화가 이 조그만 초파리에서 나타나고 있음을 보여 준 것입니다. 다윈은 진화론을 발표한 뒤에 이를 증명할 유전적 증거를 찾기 위해 죽을 때까지 고민했었거든요.

1940년 도브잔스키는 뉴욕의 컬럼비아 대학교에 자리를 잡게 된 뒤에도 해마다 캘리포니아 황야로 야생 초파리를 채집하러 다녔답니다. 동물이 이동하면 그 동물의 유전 물질이

이동해 가는 유형을 알 수 있
게 되어 진화를 알 수 있는
중요한 자료가 된다고 생
각했으니까요. 이 때문
에 그는 미국 정보국
요원에게 스파이로 의심
을 받기까지 했습니다.

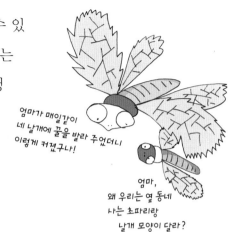

엄마가 매일같이
네 날개에 꿀을 발라 주었더니
이렇게 커졌구나!

엄마,
왜 우리는 옆 동네
나는 초파리랑
날개 모양이 달라?

당신 소련 스파이지?

저, 초파리 채집 중인데요.

선생님, 초파리 돌연변이는 어떻게 만들기 시작했나요?

처음으로 인공 돌연변이를 개발한 사람은 나의 제자인 멀러 박사입니다.

알이나 애벌레에 방사능을 일정 시간 쪼이거나, 강한 화학 물질을 뿌려 주면 돌연변이를 일으킨 초파리가 태어나게 됩니다.

다른 연구를 한 제자는 누가 있었나요?

✕선 방사선

러시아 태생의 도브잔스키가 있는데, 그는 자연 속에 많은 변이가 있을 거라고 생각해 야외로 나가서 채집하고 분석하는 일을 많이 했답니다.

그는 야외에서 채집한 초파리의 염색체 조사를 하다가 침샘 세포 속에서 거대 염색체를 발견하기도 하였습니다.

거대 염색체라고요?

거대 염색체는 다른 염색체들보다 100~200배 큰 염색체로, 세포 분열을 하지 않고 세포의 DNA가 수없이 반복해서 복제됩니다.

정말 신기하네요.

6

초파리,
새로운 **전성시대**를 맞다

유전학의 연구 분야는 어디까지일까요?
초파리를 이용해서 어떤 것을 할 수 있는지 알아봅시다.

6

초파리, 새로운
전성시대를 맞다

모건이 초파리가 다시
주목받게 된 이야기로
여섯 번째 수업을 시작했다.

세균과 박테리아에 밀려 잠시 인기가 식었던 초파리 연구
는 1970년부터 다시 일어나기 시작했습니다. 생물학자 벤저
(Seymour Benzer, 1921~2007)는 초파리도 지적인 능력을 가
진 동물이라는 결과를 발표했습니다. 훈련을 시키면 초파리
도 학습을 반복한다는 것이었습니다. 초파리는 단 몇 분만
훈련시키면 학습할 수 있는 능력을 보인다는 벤저의 발표에
사람들은 모두 놀랐습니다. 머리가 좋은 개도 며칠 또는 몇
달씩 훈련해야 하는데, 그 작은 초파리가 단 몇 분이면 배울
수 있다니요!

벤저는 초파리의 행동을 학습시키는 데에 초파리의 돌연변이체를 이용했습니다. 그는 화학 물질로 많은 돌연변이 초파리를 얻은 후 학습과 기억력 테스트를 했습니다. 이 연구를 바탕으로 던스(dunce, 바보) 초파리, 앰니지액(amnesiac, 건망증) 초파리, 리노트(linotte, 새대가리) 초파리 등을 가려냈습니다.

그러나 이러한 차이를 알아내기가 그리 쉽지 않았습니다. 눈 색깔이나 날개 모습이 바뀌는 것은 눈으로도 쉽게 알아볼 수 있지만 성격이나 행동은 바로바로 눈으로 확인하기 힘들잖아요. 그래서 그들은 행동이나 성격을 알아볼 수 있는 기구들을 직접 만들기 시작했습니다.

지금까지 돌연변이를 만드는 방법은 X선을 쪼이거나 돌연변이를 일으키는 화학 물질을 사용했습니다. 그러나 그들은 점핑 유전자라는 방법으로 새로운 돌연변이를 유발하는 방식을 개발했습니다. 모든 생물의 몸 안에는 유전자는 아니지만 이리저리 몸을 움직여 다닐 수 있는 DNA 조각이 있습니다. 팔짝팔짝 뛰어다닌다는 뜻으로 영어의 'jump'를 붙여서 점핑 유전자라고 부르게 되었지요.

이 점핑 유전자는 다른 DNA 속으로 마구 끼어드는 성질을 갖고 있습니다. 우리 주변에서 점핑 유전자로 모습이 변한

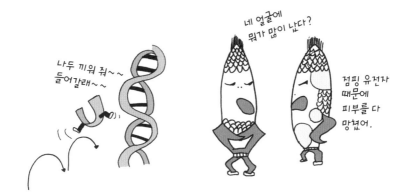

네 얼굴에 뭐가 많이 났다?

나두 끼워 줘~~ 들어갈래~~

점핑 유전자 때문에 피부를 다 망쳤어.

예가 바로 옥수수입니다. 여러분들도 옥수수 중에서 까만 얼룩이 있는 옥수수를 가끔 볼 수 있지요? 그게 바로 점핑 유전자가 옥수수의 DNA 안으로 들어가서 색깔을 바꾼 것이랍니다. 벤저 박사는 초파리의 점핑 유전자를 조작해서 여러 가지 새로운 돌연변이를 만들어 냈습니다.

초파리같이 작은 동물체도 멀리에서 자기가 좋아하는 음식 냄새를 맡을 수 있습니다. 그들의 능력은 유전적으로 미리 가지고 태어나는 걸까요? 아니면 냄새를 맡는 학습을 거쳐서 냄새 맡는 능력을 얻거나 잃는 걸까요?

초파리의 돌연변이를 이용해 냄새를 맡는 학습을 시키면 그 초파리는 자기가 좋아하는 냄새를 찾아가게 됩니다. 그리고 그 일을 자꾸 반복하게 되면 그 냄새를 더 오래 기억하게 되지요. 그러나 이 냄새 맡기 공부를 시킬 때 주의할 점이 있습니다. 계속해서 반복시키는 것보다 일정 기간 쉬게 해 주면서 학습을 시켜야 한다는 것입니다. 여러분도 공부를 할 때 몇 시간 동안 계속 앉아 있는 것보다는 가끔씩 쉬어 주면서 공부해 보세요. 훨씬 능률이 오른답니다.

어른들이 술을 좋아하듯 초파리도 술을 좋아합니다. 거꾸로 생각하면, 하등 동물들이 가지고 있던 술의 성분인 알코올을 좋아하는 것도 결국 우리 사람에게 진화되어 유전된 것은 아닐까 하는 생각도 듭니다.

초파리에게 술을 먹이고 관찰해 보면 우리 인간과 비슷한 행동을 하곤 합니다. 처음에는 행복에 겨워 소란스럽게 왔다 갔다 하고, 조금 더 먹이면 침착하지 못하고 법석을 떨게 되지요. 나중에는 꼭 술 취한 사람처럼 제대로 몸을 가누지 못한 채 똑바로 걷지도 못하고, 마음대로 날아가지도 못합니다. 그러다가 결국 의식을 잃고 어딘가에 처박혀 있다가 죽게 됩니다.

어떤 사람은 맥주 한 잔에도 얼굴이 빨개지고 다리가 후들거리지만, 어떤 사람은 열 잔을 마셔도 얼굴색도 변하지 않고 걸음걸이도 똑바르잖아요. 이것은 초파리도 마찬가지입니다. 모든 초파리가 다 알코올 성분에 강한 게 아니에요. 쉬

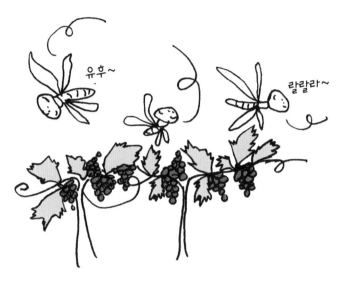

유후~

랄랄라~

운 예로 포도는 포도주를 만드는 재료입니다. 술의 재료가 되는 포도밭에 사는 초파리는 알코올에 훨씬 강합니다. 그러나 다른 곳에 사는 초파리는 알코올을 먹이면 정신을 못 차립니다.

초파리는 이제 단순한 실험 대상이 아닙니다. 많은 과학자들이 초파리의 돌연변이를 이용하여 사람들의 생체 리듬을 이해하려 하고, 뇌에 관한 지식을 얻으려 하며, 암컷과 수컷 간의 구애 활동의 흐름, 동물들은 왜 싸우게 되는지를 연구하고 있습니다. 그만큼 초파리는 과학자들에게 많은 것을 제공하고 있습니다.

또한 초파리를 이용하여 새로운 약을 개발하려는 야심을 갖고 있는 제약 회사 연구실에 가 보면 많은 사람들이 현미경을 앞에 놓고 초파리와 기나긴 싸움을 계속하고 있습니다. 그렇지만 그들의 연구실에서는 내가 초파리를 연구하던 실험실의 냄새나고 지저분한 풍경은 사라졌습니다. 대신 실내 온도가 자동으로 조절되고 전문적으로 돌연변이를 만드는 최첨단 기계들이 연구실로 들어왔지요. 하얀 옷을 입은 연구자들이 앉아 있는 초파리 실험실은 늦은 밤에도 환한 불빛을 밝히고 있답니다.

선생님, 뭐하세요?

아, 지금 초파리에게 훈련을 통한 학습을 하고 있어요.

초파리에게 어떻게 학습을 시켜요. 말도 안 돼요.

초파리는 멀리에서 자기가 좋아하는 음식 냄새를 맡을 수 있는데, 유전일까요? 학습에 의한 것일까요?

그야, 유전 아닐까요?

생물학자 벤저는 초파리도 지적인 능력을 가진 동물이라는 결과를 발표했습니다. 즉 훈련을 통해 학습이 가능하다는 말이죠.

훈련하면 뭐든지 할수 이써!

정말이요?

또한 초파리들은 알코올을 좋아하는데, 사람들처럼 알코올에 강한 것도 있고 약한 것도 있다는 사실을 알아냈죠.

즉 술의 재료가 되는 포도밭에 사는 초파리는 훨씬 알코올에 강하지만, 다른 곳 초파리는 알코올에 약하지요.

하하, 술주정뱅이 초파리도 있겠네요.

우리는 술고래!

이처럼 초파리는 단순한 실험 대상이 아니라 사람들의 생체 리듬, 뇌에 관한 지식 등 많은 것을 얻는 데 이용됩니다.

초파리가 정말 중요하군요.

7

초파리, 수명 연장의 비밀을 알려 주다

인간은 왜 늙을까요?
초파리와 인간의 노화는 어떤 관계에 있는지 알아봅시다.

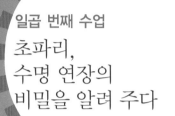

일곱 번째 수업

초파리,
수명 연장의
비밀을 알려 주다

모건이 초파리의 수명 연장
실험에 대한 이야기로
일곱 번째 수업을 시작했다.

영원히 젊고 건강하게 살고 싶은 욕망은 예나 지금이나 같습니다. 중국의 진시황은 불로초를 찾으려고 백방으로 노력했지만 결국 찾지 못하고 40세의 나이로 죽었습니다. 인간이나 동물 모두 나이가 들면 늙고, 죽습니다. 그래서 노화를 방지하거나 수명 연장을 위한 시도는 계속되고 있습니다.

물론 20세기에 들어와 의학이 발달하여 사람들은 이전보다 훨씬 더 오래 살고 있습니다. 환경을 깨끗하게 해야 병을 예방할 수 있다는 의식이 점점 자리잡아 가면서 옛날에 사람들을 괴롭히거나 죽게 만들었던 이질, 콜레라, 결핵, 디프테

리아, 천연두 등은 거의 사라졌습니다. 또한 영양을 충분히 섭취할 수 있게 되어 인간의 평균 수명은 길어지고 있지요. 그런데도 사람들은 늙는 것을 더욱 늦추고 싶어합니다. 신체적으로 늙어 보이는 것을 늦추고 싶어 하지요. 일부 과학자들은 그런 일이 가능하다고 말하기도 합니다.

사람의 경우에는 젊음을 연장시키기는 것이 아직 어렵지만, 초파리에게는 가능하기도 합니다. 실제로 실험실의 일부 초파리들은 내가 연구하던 초파리들보다 더 오래 살면서 우아하게 늙어 가기도 합니다. 계속 연구하다 보면 초파리에게 노화를 막을 수 있는 방법을 알아낼지도 모르지요.

1990년대 말에 캘리포니아 공과 대학의 연구실에서 특이한 초파리가 태어났습니다. 초파리는 보통 40~60일 정도 사는데, 이 초파리는 100일이 지나도 건강하게 살아 있었습니다. 결국에는 수명을 다하고 죽었지만 일반 초파리보다 훨씬 오래 살아남은 돌연변이 초파리였습니다. 단지 유전자 하나가 바뀌었을 뿐인데 평균 수명이 35% 정도 늘어났던 것입니다.

이 초파리는 단순하게 수명만 늘어난 것이 아니라 신체적으로도 건강하게 살다 죽었습니다. 보통의 초파리가 먹이 없이 50시간 정도 살 수 있는데, 80시간 이상 살다 죽은 이 초파리가 얼마나 건강했는지 알 수 있습니다.

이 장수한 초파리의 강한 생명력은 신체 내에 일반적으로 생기는 반응성이 강한 산소와 같은 자유 라디칼(산소와 같은 원소는 전자들이 둘레를 돌면서 안정적인 전자쌍을 이루는데, 산화가 일어나면 전자 1개를 잃어버려 궤도 상에 1개의 전자가 존재하게 되는 상태)에 견디는 데 있었다는 것이 밝혀졌습니다.

다시 말해 굶주림처럼 체내에 손상을 입히는 환경에 대한 저항력이 강하거나 회복되는 능력이 뛰어나다는 말입니다. 이것은 노화에 대한 반응이 느리게 진행되어 생명을 늘려 준다는 뜻이지요. 따라서 초파리를 좀 더 깊이 연구하다 보면 사람의 노화를 막을 수 있는 방법이나 물질을 만들어 낼 수 있을지도 모릅니다.

초파리는 온도가 올라가면 물질대사가 빨라져 매우 활동적이 되지만, 온도가 내려가면 아주 둔해집니다. 그래서 온도가 올라갈수록 초파리의 수명은 짧아집니다. 사람들도 너무 힘들게 일하면 쉽게 피곤해지고 지치잖아요. 다시 말해 온도가 높아져 대사 활동이 빨라지면 수명이 짧아지고, 노화가 빨리 온다는 것입니다.

그럼 이 가설에 맞추어 생각해 보면 오래 사는 동물은 발라드 음악같이 느리게 사는 동물이고, 수명이 짧은 동물은 초파리같이 빠르게 움직이는 동물이 아닐까요? 거북이 오래 사는 이유는 정말 느리게 움직이기 때문 아닐까요? 그러나 이런 생각이 항상 들어맞는 것은 아닙니다. 그래서 아직은 이렇다 할 결론을 내기가 어렵습니다.

그러나 몸 안에 쌓이는 해로운 산소들은 사람을 늙게 하는 원인임이 확실합니다. 우리는 산소가 단순히 숨을 쉴 때 필요한 것이라고 알고 있지요. 그러나 산소가 하는 일 중에서 중요한 것이 또 있는데, 그게 바로 음식물을 분해하는 일입니다. 음식을 분해하는 동안 산소에서는 아주 해로운 물질이 나옵니다. 그 물질은 세포를 더 늙게 하지요.

그렇지만 세포들은 이 해로운 물질들의 공격에 그냥 당하지는 않는답니다. 산소가 해로운 물질을 만들어 낼 때마다 세포는 그 물질이 가진 독성을 없애는 물질을 만들어 냅니다. 우리가 젊고 건강할 때는 세포가 활발하게 움직여서 이 해로운 물질을 없애지만 늙어 갈수록 세포도 힘이 없어 해로운 물질을 잘 막아 내지 못하게 됩니다. 그것이 바로 인간이 늙는 이유이지요.

1990년대 초에 세포가 만들어 내는 물질이 항산화제 효소라는 사실이 밝혀졌습니다. 과학자들은 이 효소를 초파리에 넣으면 초파리가 아주 건강해지고 수명도 늘어난다는 것을 알아냈습니다. 이때부터 사람들은 음식물 속에 항산화제를 넣어서 먹으면 젊음을 유지할 수 있다는 것을 알았습니다.

그러나 항산화제를 음식물과 먹으면 위 속의 위액으로 모두 분해되어 버릴 것입니다.

그렇다면 산소만 인간을 늙게 만드는 것일까요? 아닙니다. 담배 연기, 수많은 환경 오염 물질, 제초제 같은 농약 등도 해로운 물질을 만들어 내고 있습니다. 우리는 이 물질들에 매일매일 노출되면서 늙어 가는 것입니다.

요즈음은 세포들이 열에 대한 충격을 이겨 낼 수 있는 단백질을 초파리에 집어넣는 실험을 하고 있습니다. 이제 초파리가 정말로 노화를 막아 주는 중요한 단서를 제공할 날을 기다려도 될까요?

그러나 노화를 억제하거나 막는다고 사람이 지금보다 훨씬 더 오래 살 수 있을까요? 인간이 100세를 넘기면 인간의 생명을 지탱해 주는 복잡한 기관들이 망가지고 기능을 다하는 것이 자연의 법칙이 아닐까요?

노화를 연구하는 몇몇 학자들은 노화를 막아 주면 인간이 더 오래 살 수 있을 것이라는 생각들을 발표하곤 합니다. 물론 노화를 막는다면 몇 년은 더 살 수 있을지 모르지요. 그러나 단순히 수명을 늘리는 것은 아무 소용이 없습니다. 살아가는 동안 더 건강하고 더 사람답게 살다가 정해진 시간이 되면 죽음을 맞이하는 것이 좋지 않을까요.

생명체들은 종류에 따라 평균적인 수명을 가지고 있으며, 짧게는 몇 시간에서 길게는 몇 십 년 또는 몇 백 년을 살게 됩니다. 왜 그렇게 차이가 나는가에 대한 명확한 답을 내리기는 어렵겠지요.

또한 환경 스트레스에 이길 수 있는 선천적인 신체 또는 돌연변이체, 세포 내 분자 활성을 조절하여 노화를 지연시키는 방법 등에 의해 수명이 연장된다고 해서 인간이 얼마나 더 행복할까 하는 의문에 올바른 답을 내리기는 아직 어렵다고 생각합니다.

어떤 의미에서 인간은 이미 영원히 살아가고 있는지도 모릅니다. 자신의 자손을 통해 인간의 생명은 연장되고 있는 것이지요. 다만 자기 자신의 몸만이 정해진 수명을 다하는 것이지요. 생명이 있는 존재에게 늙는다는 것은 어쩔 수 없는 일입니다. 다만 그것을 어떻게 받아들이는지가 더 중요합니다.

과학으로는 몸이 늙는 것을 얼마나 늦출 수가 있나요?

사람의 경우 젊음을 연장시키기는 것은 아직 어렵지만, 초파리의 경우는 가능하기도 해요.

정말이요?

실험실에서 초파리는 보통 40~60일 정도 생육되는데, 1990년대 말에 캘리포니아 공과 대학 연구실의 초파리는 100일이 지나도 튼튼하게 자랐지요.

50일 살았으면 살 만큼 살았어...

무슨 소리! 초 생은 100일 부터라고!

결국에는 수명을 다하고 죽었지만 일반 초파리보다 훨씬 오래 살아남은 돌연변이 초파리였지요.

어떻게 그런 일이 가능했던 것이죠?

넌 내 친구 아들 이잖아 왜 이렇게 늙었어?

장수 초파리   일반 초파리

단지 유전자 하나가 바뀌었을 뿐인데 평균 수명이 35% 정도 늘어났지요. 이 초파리는 단순하게 수명만 늘어난 것이 아니라 건강하게 살다 죽었답니다.

건강에 관련된 유전자가 변화된 거군요.

백만 스물하나 백만 스물둘...

이 장수한 초파리의 강한 생명력은 신체 내에 일반적으로 생기는 반응성이 강한 산소와 같은 자유 라디칼에 견디는 데 있었다는 것이 밝혀졌어요.

그럼 초파리를 좀 더 깊이 연구하면 사람의 노화를 막을 수 있는 방법을 만들어 낼 수 있겠네요.

와~

내 젊음의 비결은 자유 라디칼물 견디는 것 하하...

그렇지만 노화를 억제하거나 막는다고 사람이 지금보다 훨씬 더 오래 살 수 있을까요?

하긴 자연의 법칙대로 자연스럽게 늙는 것이 더 행복할 수도 있겠네요.

초파리의 마지막 이야기

오늘날의 생명 과학은 어디까지 왔을까요?
생명 과학이 인간에게 미치는 영향은 어떤 것인지 알아봅시다.

마지막 수업

초파리의
마지막 이야기

모건 박사가 다소 긴 설명이 끝난 후
따뜻한 웃음을 지으며
마지막 수업을 시작했다.

처음에 왔을 때와는 전혀 다른 표정으로 지아가 눈을 반짝
이고 있었습니다. 병 속에서 날고 있는 여러 가지 모양의 초파
리를 바라보며 지아가 모건 박사에게 말했습니다.

"초파리가 이렇게 사람에게 좋은 일을 많이 해 줬다는 걸
전 몰랐어요. 전 초파리를 썩은 음식이나 먹는 징그러운 벌
레라고만 생각했거든요."

미안한 표정으로 초파리를 보는 동생을 보며 태우가 싱긋
웃으며 말했습니다.

"내가 그랬지? 이 녀석이 우리에게 얼마나 유용한 벌레인

지 네가 알게 된다면 더럽다는 소리는 감히 할 수 없게 될 거라고."

"응, 정말 초파리들한테 미안해."

지아가 초파리들을 빤히 바라보며 크게 소리쳤습니다.

"얘들아, 나 약속할게. 다시는 너희들을 더럽고 나쁜 벌레라고 하지 않을 거야!"

지아의 말에 모건 박사와 페인 박사, 그리고 태우는 한꺼번에 웃음을 터뜨렸습니다. 꽤나 진지한 지아의 표정이 우스웠기 때문이었지요. 한참을 웃던 모건 박사가 다시금 표정을 가다듬고 입을 열었습니다.

"자, 초파리에게는 충분히 사과한 것 같으니 그럼 여태까지 배웠던 내용을 한번 정리해 보기로 할까요?"

초파리의 모든 것

여러분들은 지금까지 내 이야기를 듣고 유전학에 대해, 아니 초파리에 대해 얼마나 이해하셨나요?

그럼 지금까지의 내용을 다시 한번 간단히 요약해서 정리해 보겠습니다.

첫 번째, 염색체 속에 들어 있는 유전자의 물리적 실체를 알아낸 것입니다.

두 번째, 멘델의 유전 법칙을 증명할 수 있었습니다.

세 번째, 멘델의 법칙의 한 가지 예외였던 연관과 연관의 예외인 교차와 재교차를 발견했습니다.

네 번째, 한 염색체 위에 유전자들의 상대적 위치를 결정할 수 있는 방법을 개발하여 유전자 지도를 만들었습니다.

다섯 번째, 암수 성 결정은 염색체에 의해 이루어진다는 사실을 밝혔습니다.

여섯 번째, 거대 X염색체를 세포학적으로 발견했습니다.

일곱 번째, 한 유전자가 여러 효과를 나타내는 다면발현(하나의 유전자가 여러 가지 유전적 효과를 나타내어 2개 이상의 형질에 영향을 미치는 일)과 한 가지 특성을 지배하는 복대립 유전자(같은 유전자 자리의 여러 개인 유전자. 어떤 유전자가 발현되느냐에 따라 형질이 조금씩 달라짐) 및 다인자 유전 등을 발견한 것입니다.

나는 우연히 초파리를 연구 재료로 선택하여 하얀 눈 초파리를 얻는 행운을 얻었습니다. 또한 난자의 발생에 영향을 미치는 인자들을 알아내게 되었지요. 동물 난자에 정자가 들어가 수정될 때 정자가 들어가는 부위를 알아내었으며, 적도 판이 형성되는 것도 알아냈습니다.

　과학자로서 성공하려면 행운도 뒤따라야 하지만 적절한 실험 재료를 택하는 것도 중요합니다. 항상 의문을 가지는 태도로 근면한 생활 습관을 가져야 합니다. 그리고 불가능에 도전하는 정신이 무엇보다도 중요하다는 것을 마지막으로 말하지요.

　"지아야, 일어나! 무슨 잠을 그렇게 오래 자는 거야?"

　희미하게 들려오는 태우의 목소리에 지아가 눈을 번쩍 떴습니다. 아까 지아가 서 있었던 연구실은 연기처럼 사라지고, 지아는 거실 소파에 누워 있었습니다.

　"어? 모건 박사님과 페인 박사님은? 그리고 하얀 눈 초파리들은?"

　지아의 물음에 태우가 어이없는 표정으로 말했습니다.

　"무슨 소리야? 아까부터 내내 잠만 자다가 이제 깨서는."

　"그게 꿈이었단 말이야?"

　지아가 소파에서 일어났습니다. 꿈치고는 너무 생생해서 이상한 기분이 들었습니다. 눈을 비비며 일어나려던 지아가 순간 크게 소리쳤습니다.

　"오빠!"

"깜짝이야! 갑자기 왜 소리는 치고 그래!"

"오빠가 손에 든 책! 그거 초파리에 대한 책 맞지?"

지아의 물음에 태우가 고개를 갸웃거리며 말했습니다.

"맞긴 한데, 그건 왜? 넌 이런 데 관심 없잖아."

"누가 관심이 없다고 그래? 나 원래 이런 거 엄청나게 좋아해!"

지아가 오빠의 손에서 뺏듯이 책을 낚아챘습니다. 책의 표지에 실린 모건 박사의 얼굴을 보며 지아는 남들에게 들리지 않을 정도로 작게 속삭였습니다.

"박사님, 아주 재미있는 수업이었어요. 정말이에요!"

책 속에 들어갔다 왔다고 말해 봤자 오빠인 태우는 놀릴 게 뻔하다 싶어 지아는 방으로 들어갔습니다. 오빠의 책을 가슴에 꼭 안은 채로요.

그리고 그런 지아의 뒷모습을 바라보며 태우는 조용히 속삭였답니다.

"지아야, 재미있었니? 책 속으로의 여행 말이야."

아까 지아가 떨어뜨린 그릇 안에는 미처 날아가지 못한 초파리 몇 마리가 웅웅거리며 작게 날갯짓을 하고 있었습니다. 작고 보잘것없어 보이지만 인류에게 많은 것을 가져다준 귀한 생물이 말이에요.

모건은 미국의 켄터키 주 렉싱턴에서 출생하였으며, 켄터키 주립 대학교와 존스홉킨스 대학교를 졸업했습니다. 그 후에 브린모어 여자 대학 교수를 거쳐 1904년 컬럼비아 대학교 교수에 취임하였다.

모건은 1910년대에 우연히 초파리에 대해 관심을 갖게 되었고, 하얀 눈을 가진 돌연변이체 초파리를 얻게 되었습니다. 그는 이 하얀 눈 초파리의 교배 실험을 통해 하얀 눈을 만드는 유전자가 수컷을 결정하는 X염색체 위에 있다는 사실을 알게 되었습니다. 당시에 알려진 멘델의 유전 법칙은 "유전에 관련된 어떤 특정한 물질이 있다."라는 것이었습니다.

모건은 유전자들이 염색체 상에 일렬로 배열되며, 교차가 일어나는 빈도로 유전자 간의 상대적인 위치를 알아낼 수 있다는 유전자설을 제시하였습니다.

다시 말하면, 개체들의 여러 형질들은 아버지와 어머니에게서 받은 같은 염색체 위에 나란히 쌍을 이루어 존재하는 유전자에 의해 결정된다는 것이었습니다.

예를 들어, 아버지 머리카락이 검은색이고 어머니 머리카락이 노란색일 경우, 그 자손은 머리카락 색깔이 검은색이거나 노란색으로 나타날 것입니다. 즉 서로 다른 염색체 상에 있는 유전자는 서로 독립적으로 유전된다는 것입니다.

1926년 모건은 초파리 연구로 얻은 지식을 바탕으로《유전자설》이라는 책을 출간함으로써 현대 유전학의 초석을 만들었습니다. 또, 많은 제자들이 유전 현상을 이해하는 데 바탕이 되는 업적을 이루어 놓았습니다. 이 같은 공로를 인정받아 1933년 노벨 생리 · 의학상을 수상하였습니다.

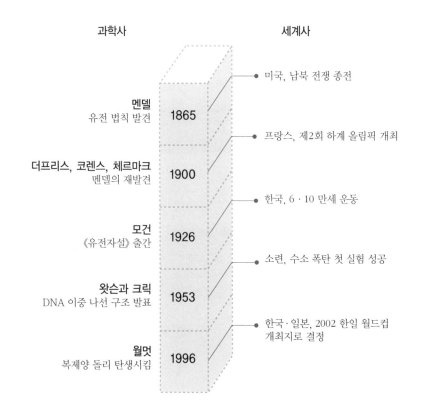

과학사		세계사

멘델
유전 법칙 발견

1865

미국, 남북 전쟁 종전

더프리스, 코렌스, 체르마크
멘델의 재발견

1900

프랑스, 제2회 하계 올림픽 개최

모건
《유전자설》출간

1926

한국, 6 · 10 만세 운동

왓슨과 크릭
DNA 이중 나선 구조 발표

1953

소련, 수소 폭탄 첫 실험 성공

월멋
복제양 돌리 탄생시킴

1996

한국 · 일본, 2002 한일 월드컵
개최지로 결정

1. 하얀 눈을 가진 초파리는 붉은 눈을 가진 야생 초파리에게서 태어난 ☐☐☐☐ 입니다.
2. 같은 염색체 위에 있는 2개의 유전자는 서로 멀리 떨어져 있으면 ☐☐☐ 이 커지고, 가까이 있으면 같이 유전될 확률이 커집니다.
3. 같은 부모에게서 나온 아이들이 서로 유사한 점도 있으나, 서로 다른 점도 많습니다. 이는 부모의 성염색체가 ☐☐ 분열하면서 상동 염색체 간의 교차 때문에 생기는 현상입니다.
4. 초파리는 과일 향을 좋아해서 병 속에 바나나 껍질을 놓아두면 잘 모여듭니다. 초파리의 눈의 색깔이 붉은색인지 흰색인지 알아보려면 ☐☐ ☐☐☐ 이 필요합니다.
5. 도브잔스키는 초파리의 침샘 세포 속에서 세포 분열을 하지 않고 DNA만 반복해서 복제되는 ☐☐ 염색체를 발견하였습니다.

생명의 신비를 푸는 열쇠

　멘델의 유전 법칙이 재발견되기 전까지는 과학자들조차 유전 현상은 마치 검은색과 흰색 물감이 무작위적으로 섞여 나타나는 현상 정도로 이해하고 있었습니다. 1865년 멘델이 완두콩에서 선택된 형질들을 중심으로 잡종 교배 실험을 통해 얻은 통계적인 결론은 유전이 이루어지는 어떤 물질이 있다는 것이었습니다. 이 사실이 1900년에 재발견되면서 유전 현상에 대한 이해는 급진전하기 시작하였습니다.

　1902년 서턴은 유전되는 물질이 염색체 위에 있다고 하였으며, 그 뒤 모건은 초파리에서 관찰한 바에 따라 유전자들이 염색체 위에 일렬로 배열되어 있다고 하였습니다. 그 유전자들은 서로 일정한 간격으로 떨어져 있어 염색체 지도를 작성할 수 있습니다.

　1953년에 와서 유전 물질의 본질이 될 수 있는 DNA 구조가 밝혀지고, 그 뒤에 박테리오파지를 이용한 실험으로 DNA 가 유전 물질의 본질임이 밝혀지면서 생명 현상의 비밀이 벗겨지기 시작하였습니다. 바로 모건이 밝혔던 염색체 상의 유전자는 염색체를 이루는 뉴클레오솜이라는 구슬 모양의 단백질 덩어리에 DNA가 둘러싸여 있는 모양이었던 것입니다.

이러한 염색체는 세포 분열을 할 때 2배로 복제된 DNA가 뉴클레오솜을 이루는 히스톤 단백질 덩어리에 감겨 있으면서 양쪽 분열 세포로 방추사에 의해 끌려갑니다.

모든 유전자는 세포의 핵 안에서 뉴클레오솜에 의해 복잡하게 엉켜 있다가 뉴클레오솜이 풀어져 DNA만 노출되면 그 DNA의 염기 서열에 따라 특정한 유전자의 암호가 RNA의 유전적 암호로 바뀌는 전사가 일어납니다. 그 결과 얻어진 mRNA, tRNA, rRNA 등이 세포 안에 홀로 떠다니는 아미노산을 연결, 특정한 단백질(폴리펩타이드)을 만들고, 그 단백질의 기능에 따라 유전자의 활동이 나타납니다.

이 단백질들이 세포의 환경에 적응되는 대로 기능을 나타내면서 생명 활동을 영위해 나갑니다. 이렇게 되어 수많은 생명체들은 각기 고유의 유전자들을 갖고 고유의 단백질들을 만들면서 다양한 생명 현상을 보이는 것입니다.